AF475665

NOTIONS ÉLÉMENTAIRES

DE

PHYSIQUE ET DE MÉCANIQUE,

RÉDIGÉES

SUIVANT LE PROGRAMME ADOPTÉ PAR L'UNIVERSITÉ POUR L'ENSEIGNEMENT DES PARTIES DE CES DEUX SCIENCES DANS LES ÉCOLES NORMALES PRIMAIRES ;

Ouvrage également utile aux Commissions d'examens, aux Écoles modèles et aux Écoles supérieures primaires ;

PAR L.-J. GEORGE,

SECRÉTAIRE DE L'ACADÉMIE DE BESANÇON,

ANCIEN PRINCIPAL ET PROFESSEUR DE SCIENCES MATHÉMATIQUES ET PHYSIQUES EN L'UNIVERSITÉ ET AUX COURS PUBLICS INDUSTRIELS DE NANCY ; MEMBRE TITULAIRE ET CORRESPONDANT DE PLUSIEURS SOCIÉTÉS SAVANTES NATIONALES, DE L'ACADÉMIE ROYALE DES SCIENCES DE TURIN (SAVOIE), ET DE L'INSTITUT HISTORIQUE DE FRANCE.

Deuxième Partie.

Notions de Mécanique.

PARIS,

DELLOYE, PLACE DE LA BOURSE, 13 ; HACHETTE, RUE PIERRE-SARRAZIN ; MAIRE-NYON, QUAI CONTI ; RORET, RUE HAUTE-FEUILLE ; POILLEUX, QUAI DES AUGUSTINS.

NANCY, VIDART, GRIMBLOT ET SENEF, LIBRAIRES.

BESANÇON, BINTOT, LIBRAIRE.

Avril 1838.

Conformément à la loi, deux exemplaires du présent ouvrage ont été déposés à la préfecture du département de la Meurthe pour assurer la propriété de l'auteur.

L.-J. George.

NANCY, IMPRIMERIE DE DARD,
rue des Carmes, 20.

TABLE DES MATIÈRES,

PRÉSENTANT

Toutes les propositions comprises dans le Programme Officiel relatif à l'Enseignement des Notions élémentaires de Mécanique.

(*Les indications romaines marquent les pages, et les chiffres arabes les numéros.*)

Deuxième Section.

Du Levier.

LEÇON IIIe.

Troisième Section.

Des Poulies.

LEÇON IVe.

Quatrième Section.

Du Treuil et des Roues dentées.

LEÇON V^e.

Cinquième Section.

Plan incliné. — Coin. — Vis.

LEÇON VIe.

Sixième Section.

Transformation du mouvement.

LEÇON VIIe.

LEÇON VIIIe.

LEÇON IXe.

FIN DE LA TABLE.

NOTIONS ÉLÉMENTAIRES

DE PHYSIQUE

ET DE MÉCANIQUE.

Deuxième Partie.

NOTIONS DE MÉCANIQUE.

Inertie de la Matière. — Du Levier. — Des Poulies. — Du Treuil et des Roues dentées. — Plan incliné. Coin. Vis. — Transformation du Mouvement.

INTRODUCTION.

De la Mécanique. — **Idée qu'on doit attacher à diverses expressions employées dans ces Notions sur les Machines.** — Autres définitions.

I. La Mécanique a pour objet de déterminer l'effet que doit produire sur un corps l'application d'une ou de plusieurs *forces*.

II. Cette science se divise en deux autres, qu'on appelle *Statique* et *Dynamique*.

La première considère les rapports que les forces doivent avoir entre elles pour se faire *équilibre*, ou se détruire mutuellement; la seconde recherche comment le corps se meut, lorsque les forces qui lui sont appliquées ne s'entre-détruisent pas.

III. Par *force*, on entend tout ce qui peut *produire* ou *ôter* du mouvement, ou bien encore l'*arrêter*. Les poids, les attractions, les répulsions, sont des *forces*.

IV. L'*équilibre* est l'état d'un corps en *repos* malgré l'action des forces qui agissent sur lui.

V. Tout corps en mouvement décrit une ligne qu'on nomme *trajectoire*. Si cette ligne est *droite*, le mouvement est dit *rectiligne*; si elle est *courbe*, on l'appelle *curviligne*.

Ainsi, le mouvement d'une chaise de poste est *rectiligne*; celui des aiguilles d'une montre est *curviligne*.

VI. Le mouvement est *uniforme*, quand les espaces parcourus en des temps égaux, sont égaux; il est *varié* dans le cas contraire.

Les battemens d'un pendule offrent l'exemple d'un mouvement sensiblement *uniforme*; la chute des corps en présente un toujours *varié*, la vitesse qu'ils acquièrent croissant de plus en plus jusqu'à ce qu'un obstacle les arrête.

VII. Dire que la matière est *inerte*, c'est énoncer que le *mouvement* ou le *repos* lui est indifférent. En vertu de l'*inertie*, un corps persévérera donc dans son état *actuel*, ou de *repos*, ou de *mouvement*.

VIII. Si les forces qui déterminent le mouvement d'un corps viennent à cesser d'agir, ce corps continue à se mouvoir sans aucune altération, en vertu de l'*inertie*.

IX. On nomme *force centrifuge* la tendance qu'ont les atômes d'un corps en mouvement de rotation, à s'échapper ou s'éloigner du centre, en suivant la tangente de la courbe qu'ils décrivent. Cette force augmente avec la vitesse du mouvement.

La pierre lancée avec une fronde, donne un exemple bien sensible de l'effet de la force centrifuge.

X. On désigne absolument sous le nom d'*atômes*, les dernières particules d'un corps, particules si petites qu'on ne doit plus concevoir leur division possible.

XI. La somme totale des atômes matériels d'un corps, constitue sa masse; elle est indépendante des pores et du volume.

Il suit de là, que deux corps d'un volume égal, peuvent avoir des *masses* différentes, et réciproquement.

XII. Généralement, l'*attraction* est la force en vertu de laquelle les atômes isolés ou réunis en masses tendent vers d'autres atômes ou d'autres masses. Cette force dépend de leur rapprochement.

La cristallisation, la chute des corps, les révolutions des astres, sont des effets de l'attraction.

XIII. On appelle *pesanteur* ou *gravité* cette tendance qu'ont les corps abandonnés à eux-mêmes de se précipiter sur la terre.

Ce phénomène s'observe à la surface du sol, il se produit à de grandes hauteurs dans le ciel, comme on peut en juger par la grêle, la neige, la pluie, qui tombent des nuages; et on le voit encore à de grandes profondeurs sous terre, dans les puits, les caves, les mines.

XIV. La *direction* de la pesanteur ou la ligne droite suivant laquelle tombent les corps, se nomme *verticale;* une droite perpendiculaire à celle-ci est dite *horizontale*, parce qu'elle est parallèle à l'*horizon*.

XV. Enfin, la force en vertu de laquelle les atômes, soumis à l'influence de certains agens, tels que la chaleur, par exemple, tendent à se séparer, ou font des efforts pour vaincre l'attraction qui les avait réunis, a reçu le nom de *répulsion*.

Comme des effets de la répulsion, on peut citer l'action de la vapeur, l'explosion de la poudre, la détonnation des gaz, etc.

REMARQUE. Il est à observer encore que l'*attraction* et la *répulsion* sont les deux principales forces de la nature.

NOTIONS ÉLÉMENTAIRES

DE

MÉCANIQUE.

PREMIÈRE SECTION.

Inertie de la Matière.

LEÇON PREMIÈRE.

Applications familières du principe de l'inertie. — Effet produit sur les corps transportés par une voiture, lorsqu'elle s'arrête brusquement. — Dangers qu'il y a de s'élancer hors d'une voiture en mouvement. — Comment, en vertu de l'inertie de la matière, on peut par une série de petits chocs imprimer à un corps une très-grande vitesse. — Effets des percussions. — Impulsions produites par la combustion de la poudre, le débandement d'un arc. — Effets des volans, soit pour produire de grandes percussions, soit pour régulariser l'action d'une machine. — Composition et décomposition des forces, des mouvemens, des percussions. — Parallélogramme des forces. — Résultante d'un nombre quelconque de forces agissant sur un seul point d'un corps. — Extension de ces principes aux pressions, aux percussions et aux mouvemens.

DE L'INERTIE.

1. L'INERTIE de la matière est la tendance de ses molécules à persévérer dans leur état actuel de *repos* ou de *mouvement*. Ainsi, un corps ne peut se donner de mouvement, ni rien changer à celui qu'il a reçu.

2. L'inertie à l'état de *repos* est offerte par une observation constante : jamais on n'a vu un corps en repos entrer de lui même en mouvement; jamais une pierre ne s'est brisée d'elle-même ni soulevée sur le sol ; elle ne s'est ni durcie ni ramollie, ni échauffée ni refroidie d'elle-même. Quant à l'inertie à l'état de *mouvement*, la nature nous en offre sans cesse des exemples frappans dans la rotation de la terre sur son axe, dans la révolution de la lune

autour de la terre, dans celle enfin de tous les astres autour du soleil.

3. On considère l'inertie comme une force qui réside dans tous les corps, soit qu'elle tende à les maintenir en repos, soit qu'elle les fasse persévérer dans le mouvement.

Ainsi, tous les changemens que subit la matière dans son état, dans son repos ou dans son mouvement, doivent être attribués à des causes ou à des forces particulières.

De là résultent ces deux principes de mécanique :

1° Un corps, une fois en repos, restera éternellement en repos, s'il n'est mis en mouvement par quelque cause extérieure;

2° Un corps, une fois en mouvement, se mouvra toujours avec la même direction et la même vitesse, à moins qu'une force étrangère ne vienne s'y opposer.

Applications familières des Principes de l'Inertie.

4. Si l'on pousse brusquement un verre rempli d'eau et posé sur une table, l'eau se répand en partie et du côté de la personne qui a donné l'impulsion. Mais si au contraire le verre, toujours plein d'eau, est déjà en mouvement, comme, par exemple, lorsqu'on le porte en marchant, le porteur rencontre-t-il un obstacle qui l'arrête à l'instant, l'eau se répand du côté qui lui est opposé.

5. Un domestique qui porte dans l'obscurité un plateau chargé de verrerie ou de porcelaine, et qui rencontre un obstacle, entend souvent toute sa charge rouler en avant et se briser sous ses pieds; si, chargé de la même manière, il part trop brusquement, les vases se renversent encore, mais alors c'est de son côté.

6. C'est aussi en vertu de l'inertie de la matière que la poussière se détache d'un habit lorsqu'on le bat; que la neige quitte le pied dont on frappe la terre avec force.

7. L'écolier qui veut sauter un fossé, commence avec raison par s'en éloigner, pour revenir en courant jusqu'au bord; car il conserve alors la vitesse qu'il a acquise. Personne n'ignore qu'on saute bien plus loin lorsqu'on prend son élan, qu'on ne pourrait le faire sans cela.

Un homme qui voyageait en Afrique, voyant un tigre qui le suivait, attendant une occasion favorable pour se jeter sur lui, à la manière de ces animaux, dirigea ses pas vers des broussailles, sur le bord d'un précipice; là, il déposa adroitement son manteau et son chapeau, et s'étant couché à quelques pas, il eut le bonheur de voir le tigre s'élancer sur le manteau, et en vertu de l'inertie, rouler avec lui dans le précipice.

8. Le médecin qui soupçonne que son malade a une maladie de cerveau, le prie de secouer la tête et de lui dire où il éprouve de la douleur. L'inertie de la cervelle, lorsque le crâne se meut subitement, fait qu'elle presse assez contre sa paroi intérieure pour que la partie affectée ressente une douleur momentanée qui fournit au médecin un indice précieux.

Effet produit sur les corps transportés par une voiture, lorsqu'elle s'arrête brusquement.

9. Quand une voiture suspendue commence à se mouvoir, la caisse semble se rejeter en arrière, et le voyageur paraît lui-même comme poussé sur les coussins du fond. Si elle rencontre un obstacle qui l'arrête subitement, la caisse alors est lancée en avant, et la tête inattentive du voyageur indolent s'en va quelquefois traverser la glace qui lui est opposée.

Ces faits donnent une idée bien sensible de la persistance de la matière à l'état de repos et à celui de mouvement.

10. Souvent aussi il arrive que des objets fragiles, tels que la porcelaine, le cristal, se brisent par l'effet de cette secousse trop brusque, surtout s'ils sont mal emballés.

Dangers qu'il y a de s'élancer hors d'une voiture en mouvement.

11. Lorsqu'une personne qu'épouvante le mouvement trop rapide d'une voiture, saute par la portière, son corps est animé de la vitesse qu'il avait dans la voiture en même temps que de celle de la pesanteur, et ces deux forces le font presque toujours tomber en arrivant à terre. Pour éviter la chute, il faudrait qu'elle se jetât, en penchant beaucoup le haut du corps, vers le côté d'où vient la voiture. C'est faute de ce principe et de présence d'esprit, au moment du danger, que si souvent des voyageurs font des chutes qui fracturent leurs membres, et parfois leur coûtent la vie, en sautant ainsi quand ils sont emportés par des chevaux dont la vitesse les effraie.

Ceci est une application relative à la composition des forces et au centre de gravité, dont on parlera plus loin (50 et 78).

12. De même un homme qui s'élance d'un cabriolet en mouvement, court grand risque de tomber dès que ses pieds viennent toucher le sol, à moins qu'il ne puisse avancer son pied comme lorsqu'il court; sans cette précaution, il sera chaque fois renversé en avant, semblablement à un coureur dont le pied rencontre un obstacle inaperçu.

Autres faits qui prouvent encore l'inertie de la matière.

13. Lorsqu'on déploie les voiles d'un vaisseau, il ne s'avance pas immédiatement avec toute la vitesse que peut lui imprimer la force du vent; ce n'est que graduellement que l'action continue de ce moteur parvient à vaincre l'inertie de la masse. Vient-on au contraire à les reployer subitement, la masse continue à se mouvoir comme si rien n'était changé, et ce n'est que peu à peu que la résistance de l'eau arrête enfin le mouvement du navire.

14. Celui qui se place étourdiment debout sur l'arrière d'une barque, tombe dans l'eau à la renverse, lorsqu'elle commence à se mouvoir. S'il a le bonheur d'échapper à cet accident et qu'il persiste à conserver sa position, la barque, en s'arrêtant tout à coup au rivage, lui offrira un lit plus dur sur son plancher.

15. Un mauvais cavalier est quelquefois renversé sur la croupe de son cheval, lorsque l'animal part subitement. Un écart sur la droite le jette à gauche, et réciproquement un écart sur la gauche le jette à droite. Lancé au galop, si l'animal vient à s'arrêter soudain, le cavalier saute par-dessus ses oreilles.

16. Si un boulet de canon venait à se briser dans sa route, tous les fragmens persisteraient dans leur mouvement progressif avec la vitesse acquise. Ainsi, dans ces inventions infernales, ces bombes ces fusées de guerre qu'on remplit de plusieurs centaines de balles de fusil et qu'on lance à la distance voulue du corps dévoué, ces balles conservent la vitesse de la fusée lorsqu'elle éclate, et sèment la mort autour d'elles, produisant de cette manière le même effet que la décharge d'un bataillon tout entier.

17. Lorsqu'un vaisseau qui se meut d'un mouvement rapide, vient à donner sur un roc, tout ce qui est à bord, hommes, canons, meubles se trouvent lancés en avant, et la poupe, en vertu de l'inertie, continue elle-même à se mouvoir dans le même sens, pressant ainsi contre le roc la proue qu'elle écrase enfin.,

Ces exemples sont tirés de la Physique du docteur anglais Neil-Arnott, ouvrage tout à la fois intéressant, utile et à la portée des personnes peu versées dans les sciences exactes.

Comment, en vertu de l'inertie, on peut par une série de petits chocs imprimer à un corps une très-grande vitesse.

18. Supposons un corps en repos sur un plan horizontal, auquel on vienne à imprimer un choc très-petit, mais susceptible de le mettre en mouvement avec une vitesse quelconque représentée

par 1; il est évident qu'en vertu de son inertie, il persévérera à se mouvoir avec cette vitesse aussi long-temps qu'un obstacle ne se présentera pas pour l'arrêter. Si donc un second choc égal au premier, vient le frapper encore, il lui communiquera une nouvelle vitesse 1, qui, réunie avec l'initiative, fera alors mouvoir le corps avec une vitesese $1 + 1 = 2$; un 3e choc, un 4e, un 5e, augmenteront chacun la vitesse précédemment acquise d'une *unité*, et cette vitesse, quelque petite qu'elle soit d'abord, deviendra successivement double, triple, quadruple, ou croîtra en raison du nombre des chocs qui produisent l'impulsion. Et comme rien ne limite la série des chocs dont il s'agit, il s'ensuit que la vitesse du corps mis ainsi en mouvement, pourra devenir aussi grande qu'on voudra.

On peut observer cet effet dans le jeu d'un cerceau ou d'une boule qu'un enfant s'amuse à faire mouvoir dans la plaine : le premier choc qu'il imprime au mobile, en le frappant de sa baguette, lui donne un mouvement à peine sensible; le second coup le fait aller plus vite; le troisième plus vite encore; et quelques chocs ajoutés, l'enfant ne peut plus le suivre tant sa vitesse est devenue grande.

L'escarpolette qui se trouve dans tous nos jardins, se met de même en mouvement par suite de petites impulsions répétées qui finissent par lui communiquer une vitesse de plus en plus accélérée.

Effets des Percussions.

19. On entend par *percussion* l'impression que fait un corps sur un autre qu'il rencontre et qu'il choque; ou bien le choc est la collision de deux corps qui se meuvent, et qui venant à se heurter l'un l'autre, altèrent mutuellement leur mouvement.

20. Le choc est *direct* ou *central*, quand les corps se meuvent sur une même ligne qui joint leurs centres de gravité; il est *oblique* ou *excentrique*, dans le cas contraire.

21. Lorsqu'un corps en mouvement en rencontre un autre à l'état de repos ou de mouvement, il se produit des effets de percussions qui dépendent de la dureté, de l'élasticité et de la masse relative des corps. Mais dans les phénomènes du choc, on suppose toujours que les corps sont d'une élasticité complète ou entièrement dépourvus de cette propriété.

Comme ces phénomènes sont très-compliqués, on ne fera mention que des plus simples et des plus intéressans.

Choc direct des Corps solides non élastiques.

22. Soient deux masses égales, animées de la même vitesse, qui viennent se choquer *directement*, elles se presseront l'une l'autre et

s'arrêteront tout à coup au lieu même où le choc est arrivé. Cela doit être ainsi, car ces masses étant dépourvues d'élasticité, ne peuvent rejaillir ; et l'une ne peut entraîner l'autre, ni la pousser devant elle, puisque tout est égal dans les deux sens opposés.

Ainsi deux balles de plomb parfaitement égales, qui seraient lancées en même temps avec la même force, arrivant l'une contre l'autre, animées de la même vitesse, s'applatiraient parce qu'elles ne sont pas dures, et resteraient sans mouvement. Si après le choc elles tombent, ce n'est que par l'effet de la pesanteur qui agit sans cesse sur elles, et non par un reste de force qu'elles auraient conservé.

23. Si ces masses, sans être égales, possèdent des quantités égales de mouvement, le même effet se reproduit. L'une des masses étant double ou triple de l'autre, il suffira que celle-ci ait une vitesse double ou triple pour pouvoir arrêter la première.

Une balle de plomb qui peserait une once arrêterait conséquemment un boulet de 24 livres (384 onces), si elle avait une vitesse 384 fois plus grande que celle du boulet. Car ces deux quantités de mouvement (45) sont des forces égales qui, allant en sens contraire, doivent se détruire.

24. Quand les quantités de mouvement sont inégales, l'effet de leur choc est de les réduire à une seule masse, qui prend alors la même vitesse que si les forces lui étaient immédiatement appliquées ; en sorte qu'après le choc la masse totale se meut avec la différence des quantités de mouvement primitives, et dans le sens du corps qui avait la plus grande.

25. Si les corps vont dans le même sens, les quantités de mouvement s'ajoutent, et la vitesse commune qui succède au choc, est alors égale à la somme des quantités de mouvement divisée par la somme des masses *.

26. Ce qui précède s'applique au cas où un mobile rencontre un corps en repos ; car pour avancer il est forcé de pousser devant lui ce corps en repos, et par conséquent de lui communiquer une telle quantité de mouvement, qu'après le choc ils se meuvent ensemble d'une même vitesse. Si les masses des deux corps sont égales, il est clair qu'après la collision le mouvement sera également partagé entre les masses, et la vitesse ne devra être que de *moitié*, puisque la

---

* En effet, soient mv et $m'v'$ les quantités de mouvement V, la vitesse après le choc ; la quantité de mouvement de la masse totale après la rencontre étant $(m+m')$ V, on aura évidemment l'équation $(m+m')\,V = mv + m'v'$, d'où résulte $V = \frac{mv+m'v'}{m+m'}$.

masse est devenue ***double***; elle ne serait que le ***tiers*** de la vitesse primitive, si la masse en repos était ***double*** de celle du mobile.

On voit, en général, que pour avoir le rapport de la vitesse qui existe après le choc, à celle qui avait lieu auparavant, il faut diviser la masse du mobile par la somme des masses du mobile et du corps en repos *.

Si la masse en repos est extrêmement grande comparativement au corps choquant, la vitesse de la masse devient inappréciable, tant elle est petite. C'est ce qui a lieu lorsqu'une balle va frapper un rocher ou une montagne.

27. Il résulte des principes qu'on vient d'exposer, que, ***dans la rencontre de deux corps, le choc qu'ils éprouvent est le même, soit que le mouvement se trouve partagé entre eux, soit qu'il réside dans un seul.***

Ceci explique les effets de diverses circonstances qui se présentent assez habituellement, et dont voici quelques exemples :

1° On sait qu'un homme qui court et vient heurter contre un autre homme en repos, reçoit un choc comme ce dernier. Le choc est deux fois plus violent si les hommes courent à la rencontre l'un de l'autre avec des vitesses égales.

Ce genre de rencontre est souvent fatal aux patineurs.

2° Le cavalier qui heurte contre un arbre lorsqu'il est lancé au galop, court le risque d'avoir la tête brisée, aussi bien que par une poutre qu'on lancerait contre lui avec la vitesse du cheval.

3° Il n'est pas rare, dans les luttes, que les boxeurs se brisent ou se disloquent les os lorsque les poings viennent à se choquer.

4° On voit les bateaux entraînés par un courant rapide, se briser contre les piles d'un pont ou contre un rocher, tandis que le même accident n'arrive pas s'ils vont frapper un autre bateau. Cela tient, dans le premier cas, à ce que l'obstacle ne cédant pas d'une manière sensible, le mobile perd sa vitesse instantanément; dans le second, au contraire, l'obstacle venant à céder, le mobile ne perd sa vitesse que par portions successives.

5° Les bateliers savent que pour arrêter, au moyen d'une corde, un bateau animé d'une grande vitesse, il faut laisser filer un peu pour vaincre l'effort par degrés; sans cette précaution on risquerait de voir la corde se rompre.

6° Souvent les vaisseaux qui, à la mer, marchent en sens inverse, et se choquent, se détruisent l'un l'autre, comme si chacun d'eux avait donné sur un roc avec une vitesse double. Si les vaisseaux sont de différentes dimensions, le plus gros ensevelit dans les flots le plus faible navire; c'est ce qui arrive trop de fois surtout pendant les nuits obscures.

---

* C'est ce que donne la formule $V=\frac{mv+m'v'}{m+m'}$ en faisant $v'=o$; car alors elle se réduit à :

$$V=\frac{mv+o}{m+m'} \quad \text{ou} \quad \frac{V}{v}=\frac{m}{m+m'}.$$

Choc direct des Corps élastiques.

28. Pour tous les phénomènes relatifs à cette espèce de corps on emploie des boules d'ivoire, par rapport à sa grande élasticité, et au retour instantané à l'état naturel de ses molécules comprimées par le choc.

29. D'abord, quand on laisse tomber une bille d'hivoire sur un plan de marbre bien horizontal, on la voit rejaillir verticalement; il en est de même d'une bille de marbre, de pierre, d'acier, etc.; seulement elles s'élèvent à des hauteurs plus ou moins considérables, suivant le degré de leur élasticité. L'élasticité serait complète si la bille remontait à la hauteur d'où elle est descendue. Or, comme elle acquiert en tombant une vitesse qui, si elle était dirigée en sens inverse, la ferait remonter au point de son départ, on peut dire que l'effet de l'élasticité parfaite est de rendre au mobile une vitesse égale et contraire à celle que la compression lui a fait perdre.

30. Dans le choc direct des billes élastiques, on remarque des effets tout différens de ceux qu'on observe avec des sphères dépourvues d'élasticité. Ainsi jamais les billes n'ont une vitesse commune après le choc, et quand elles sont égales, il y a *échange de vitesse.*

Par exemple, la bille A étant en repos (*fig.* 1re), si la bille B vient la choquer, elle s'arrête aussitôt, et A s'élève à la hauteur où B serait parvenue. Si les deux billes vont à la rencontre l'une de l'autre, elles rebrousseront chemin après le choc, remontant chacune à la hauteur d'où l'autre est partie.

31. Lorsqu'on a une file de billes égales suspendues par une soie à la même hauteur, de manière à se toucher (*fig.* 2), et qu'on en fait tomber une sur les autres, le mouvement se transmet de bille en bille, et la dernière seule se détache au même instant. Si l'on élève 2, 3, 4 billes, et qu'on les laisse tomber à la fois les unes sur les autres, on en voit 2, 3, 4, se détacher. Enfin, si on en fait tomber plus qu'il n'en reste dans la file, il s'en élève toujours autant qu'on en a mis en mouvement; de sorte que quelques-unes de celles-ci suivront la file.

Tous ces effets, en admettant toutefois un petit intervalle entre les boules, ne sont que des conséquences évidentes de l'échange de vitesse.

32. Ce qu'on vient de dire n'est relatif qu'aux corps les plus élastiques qui n'emploient qu'un temps infiniment petit et impossible à apprécier pour s'aplatir et revenir à leur forme première.

Mais quand ce temps, quoique toujours très-court, devient appréciable, les phénomènes du choc se modifient, et dans la pratique on doit y avoir égard pour éviter des erreurs quelquefois très-graves. D'ailleurs cette considération de temps dans le changement et le rétablissement de forme, sert à rendre compte d'une multitude d'effets qu'on rencontre dans les arts et les usages de la vie.

EXPÉRIENCES.

33. Pour expérimenter dans cette circonstance on supposera toutes les billes d'ivoire enduites d'une couche épaisse de gomme élastique.

Cela posé, après avoir établi un plan vertical, inflexible et inébranlable, au *zéro* de l'échelle de l'appareil (*fig.* 3), qu'on élève une de ces billes suspendue à l'extrémité d'un fil accroché en *a*, jusqu'au 10ᵉ degré, puis qu'on l'abandonne à elle-même; on verra qu'après le choc elle ne remontera qu'à 5 degrés environ, au lieu d'aller à 10 degrés. Cette différence est due à la couche de caoutchouc, dont l'élasticité n'est que de second ordre, et appartient conséquemment à la classe des corps qui emploient un certain temps plus ou moins long à changer de forme et à la reprendre.

Ainsi, dans cette expérience, le corps choquant rejaillit avant d'avoir perdu toute sa vitesse, ou avant d'avoir déployé contre le plan toute la force élastique dont il serait capable en vertu de la vitesse qu'il a perdue. La vitesse rétrograde ne peut donc être égale à la vitesse impulsive.

34. Si l'on répète avec des billes recouvertes de gomme élastique les diverses expériences précédemment faites avec des billes non enduites, on arrivera toujours à des résultats bien différens de ceux qu'on a décrits.

35. On trouve dans nos usages les plus ordinaires beaucoup d'effets qu'il est facile de concevoir en se rappelant ces expériences : on va en citer plusieurs exemples.

1° Personne n'ignore qu'un objet quelconque de porcelaine, de verre, se brise toujours en tombant d'une petite hauteur sur une table de marbre ou sur le pavé, tandis que cela n'arrive pas chaque fois sur le parquet de nos appartemens. On peut aussi jeter une tasse de faïence, un verre, d'une grande hauteur sur un tas de paille sans les casser. Dans le premier cas, les corps choquans et choqués, appartenant à la classe des plus élastiques, toute la vitesse se perd en un instant extrêmement court; d'où il résulte, au moment du choc, une pression considérable entre les deux corps, qui fait éclater le verre ou le vase. Dans les autres circonstances, au contraire, et surtout dans la dernière, le corps choqué étant moins élastique, la vitesse du mobile ne se perd que petit à petit, et l'effet du choc se trouve ainsi partagé en plusieurs instans.

2° En battant un morceau de métal sur une enclume, on parvient à le forger à volonté, chaque coup de marteau produisant alors un effet visible. Mais si l'on plaçait un ressort en spirale entre l'enclume et le corps métallique, à peine apercevrait-on sur le corps quelques marques du choc. C'est que d'abord l'enclume cède instantanément et se rétablit de même, en sorte que la pression qui en résulte produit un effet marqué. Dans l'autre cas, au contraire, le ressort cède peu à peu, et la vitesse du marteau ne se perd que dans une suite d'instans successifs.

3° Certains ouvriers, comme les planeurs, les orfèvres qui travaillent dans des chambres d'étages supérieurs, où ils forgent des métaux, ébranleraient considérablement les planchers s'ils n'avaient trouvé le moyen *d'amortir* les coups, en plaçant sous les billots qui supportent leurs petites enclumes, des nattes de pailles ou autres matières qui ne cèdent à l'effort que petit à petit.

4° Tous les forgerons savent bien que pour forger les métaux, il est nécessaire que l'enclume soit très-lourde et placée sur un plancher solide; quand cela existe, la force du coup se déploie à l'instant même sur le corps. Si l'enclume était légère et établie sur un plancher mouvant ou lentement élastique, la force du coup ne se déploierait que successivement.

Remarque. Ce qui reste à dire sur les effets des percussions a rapport au *choc oblique* ou *excentrique*, et trouvera sa place après la règle du parallélogramme des forces (50).

Impulsion produite par la combustion de la poudre, le débandement d'un arc.

36. La poudre a la propriété de s'enflammer spontanément, et de donner lieu, par sa combustion, au dégagement d'une quantité considérable de gaz.

Lorsqu'elle est renfermée dans un espace étroit, la force expansive du gaz développé par la combustion, axerce une pression extrêmement puissante sur les parois qui l'emprisonnent, et les brise avec force. Quand au contraire on a ménagé une issue au gaz, il sort avec impétuosité, en chassant devant lui l'obstacle qu'on a opposé à son passage.

37. Dans un canon les parois empêchent l'expansion latérale, tout l'effet se porte depuis l'âme de la pièce jusqu'à sa bouche; mais dans cet intervalle il se produit suivant les deux directions contraires, c'est-à-dire en avant pour pousser le boulet, et en arrière pour repousser la culasse, le canon et l'affût. Ces deux quantités de mouvement, qui sont toujours opposées, sont aussi constamment égales; de là vient le *recul* qui accompagne chaque fois le départ du projectile. Si le fusil n'est pas repoussé contre l'épaule du soldat avec toute la vitesse de la balle, si le canon et son affût ne reculent pas aussi vite que part le boulet, c'est seulement parce que les projectiles ont beaucoup moins de masse que les armes qui servent à les lancer.

Quand un chasseur tire un coup de fusil, son épaule éprouve la même pression que si la balle, venant du dehors, entrait dans le canon et en frappait le fond avec toute la vitesse du mobile qui sort.

38. L'action de la poudre dans les armes à feu est due à la *répulsion;* quoiqu'elle s'exerce avec une si grande rapidité qu'elle paraît soudaine, elle est cependant successive, et le projectile acquiert dans les premiers instans un mouvement accéléré, dont la vitesse dépend en grande partie de la longueur de la pièce. Souvent on a vu un petit vaisseau, bon voilier, armé d'une seule pièce longue, faire la loi au vaisseau qui l'eût écrasé si ses canons avaient été moins courts.

39. Le *débandement d'un arc* est l'action d'un ressort qu'on abandonne à lui-même après l'avoir tendu; son effet appartient aussi à la *répulsion.*

Quand les extrémités d'un arc, tirées par la corde, viennent à se courber, la force intérieure de l'arme augmente sa concavité, et les molécules situées de ce côté se rapprochant à mesure, leur force répulsive croît en raison de la tension. La face extérieure, au contraire, devient de plus en plus convexe, et les molécules de cette face s'écartant davantage l'une de l'autre, tendent à se rapprocher avec d'autant plus de force que la convexité augmente. La force de l'arc dépend par conséquent de celle avec laquelle l'attraction et la répulsion tendent à replacer les molécules dans leurs situations primitives.

Si donc la corde d'un arc imprime à la flèche une vitesse si rapide, c'est que la force communiquée parcourt avec le trait un espace considérable, en y accumulant sans cesse des vitesses successives. Ce mouvement est quelquefois si grand, que l'oiseau qui voit la flèche dirigée sur lui n'a pas le temps de détourner la tête pour s'en garantir, avant qu'elle lui ait donné la mort.

Effet des Volans, soit pour produire de grandes percussions, soit pour régulariser l'action d'une machine.

40. Le *volant* est un appareil destiné, tantôt à concentrer la force pour l'employer ensuite à produire quelque grand effort instantané, tantôt à modérer ou régulariser l'effet d'une force d'intensité variable.

41. On donne aux volans des formes particulières et relatives aux diverses machines auxquels ils doivent être adaptés. Ainsi, le volant d'un tourne-broche est une tige de fer placée au-dessus de la cage, et portant à chaque extrémité une balle de plomb surmontée d'un petit plan de métal peu épais; dans nos montres, c'est un

BIBLIOTHÈQUE ROYALE I

balancier circulaire évidé et très-mince; les pendules ont pour volans de simples rectangles de cuivre fixés à la tige du dernier pignon du rouage de leur sonnerie; enfin dans les machines employées aux travaux de l'industrie, ce sont de grandes roues évidées qu'on adapte au centre même du mouvement, et qui, dans leur rotation constante, pouvant acquérir ou perdre une quantité de mouvement assez considérable, sans que la vitesse en soit beaucoup altérée, agissent comme un conservateur, comme un régulateur, et produisent souvent des effets très-utiles.

42. Lorsqu'on se sert d'une manivelle pour tourner une roue, la force n'agit point également dans tous les points de la circonférence décrite; dans ce cas, on fixe à l'axe de la roue une autre roue pesante qui s'oppose à l'accélération, qui absorbe, en vertu de son inertie, une portion du mouvement de la machine quand elle agit avec la plus grande force, pour la lui rendre ensuite dès que la force diminue: ils établissent ainsi une sorte de compensation d'où résulte une action régulatrice.

Par exemple, dans le mouvement circulaire que présentent tous les jours la meule du rémouleur, le rouet de la fileuse, etc., la force avec laquelle on presse sur la pédale est intermittente; elle ne s'exerce que par des impulsions distantes et successives, et cependant le mouvement est uniforme. C'est parce que la roue plus massive, fixée sur l'axe de la manivelle, fait l'office d'un volant, d'un réservoir de force qui régularise l'action du moteur.

Dans une machine à vapeur, le mouvement vertical alternatif du piston est converti, au moyen du volant, en un mouvement circulaire parfaitement régulier.

43. On emploie aussi un semblable système pour concentrer la force. Ainsi, avec un poids, une manivelle, ou par tout autre moyen, on accumule graduellement dans une roue un mouvement considérable qu'on lui laisse en quelque sorte dépenser d'un seul coup, en échange de quelque effort puissant de peu de durée. On pourrait donc, à l'aide d'un volant, soulever une masse énorme; il suffirait, par exemple, d'imprimer à une roue, en tournant une manivelle pendant plusieurs secondes, une certaine vitesse, puis de fixer tout d'un coup à son axe une corde qui, en s'y enroulant, soulèverait la masse en question attachée à son autre extrémité.

C'est ainsi qu'un volant dans lequel un seul homme accumule les résultats d'une action continue pendant une minute, agit ensuite sur une presse à vis, et, restituant d'un seul coup toutes les impulsions successives qui ont été comme entassées, frappe une médaille parfaite, et transforme une plaque d'argent en une cuillère d'un beau travail, ou en tout autre produit utile ou agréable.

Ces deux derniers numéros ont été empruntés de la Philosophie Naturelle de Neil-Arnott.

Composition et décomposition des forces, des mouvemens, des percussions. Parallélogramme des forces.

Ce que c'est qu'une force.

44. On a donné le nom de *force* à la cause inconnue qui agit pour produire le mouvement.

45. Les forces ne se manifestent à nous que par leurs effets; ce n'est que par ceux qu'elles produisent que nous pouvons les mesurer et les comparer. Or, l'effet d'une force est de faire passer une même vitesse dans toutes les molécules d'un corps; sa mesure a donc pour expression le produit de la *vitesse* multipliée par la *masse* du corps. De sorte que si M représente la masse d'un mobile, V sa vitesse et F sa force, on aura $F = M \times V$.

Ce produit $M \times V$, s'appelle *la quantité de mouvement d'un corps.*

Mesure des Forces.

46. On ne peut mesurer les forces qu'en prenant pour unité une force convenue, comme on mesure toute autre quantité, en prenant une unité de même nom. De plus, la notion de grandeur ne s'appliquant pas directement aux forces, il faut définir ce qu'on appelle *forces égales*, *forces doubles*, etc.

Pour que deux forces soient *égales*, il faut qu'elles se fassent équilibre, lorsqu'on les oppose l'une à l'autre sur un point, ou aux extrémités d'une droite inflexible. Deux forces égales donnent une force *double* quand on les ajoute, c'est-à-dire quand on les fait agir dans le même sens et dans la même direction; on aurait une force *triple*, si l'on faisait agir semblablement trois forces égales, et ainsi de suite.

D'après cela, si l'on convient de représenter une force par un nombre ou par une ligne, la force *double* de celle-là sera représentée par un nombre double ou une ligne double, etc. C'est ainsi qu'on peut toujours représenter les forces par des grandeurs numériques ou linéaires, et faire sur elles toutes les opérations qu'on fait sur ces grandeurs.

Résultante.

47. Lorsque plusieurs forces agissent sur un point de quelque manière que ce soit, elles ne peuvent, en dernier résultat, lui

imprimer qu'un seul mouvement dans une direction déterminée. Or, on conçoit qu'il existe toujours une certaine force, qui serait à elle seule capable de produire le même effet; et cette force prend le nom de ***résultante***.

Systèmes de Forces.

48. On appelle ***système de forces***, l'ensemble de toutes celles qui concourent à produire un effet; ces forces sont dites aussi ***composantes***, quand on les considère par rapport à la ***résultante*** qui pourrait les remplacer. Il est évident que si à un système de forces, on ajoutait une force nouvelle qui fût égale à la résultante et dirigée en sens contraire, l'équilibre aurait lieu dans ce nouveau système de forces. C'est là précisément ce qui caractérise la résultante.

Forces qui agissent dans la même direction.

49. Quand plusieurs forces qui agissent sur un point tendent à le mouvoir sur une même ligne, il peut se présenter deux cas :

1° Si toutes ces forces vont dans le même sens, la résultante est égale à leur somme;

2° Si elles vont les unes dans un sens et les autres en un sens opposé, la résultante devient égale à la différence des deux résultantes partielles et elle agit en suivant la direction de la plus grande.

Composition des Forces.

50. Si deux forces agissent obliquement sur le point A (*fig.* 4), l'une dans la direction AX et l'autre dans la direction AY, en supposant la première représentée en grandeur par AF et la seconde par AF', il est clair que le point A ne peut se mouvoir, ni suivant AF, ni suivant AF', et qu'il doit prendre une direction intermédiaire. La démonstration de ce principe général de la ***composition des forces*** appartenant à la Statique, on ne fera que l'énoncer.

On construit le parallélogramme AF RF' sur les grandeurs des deux forces données, et l'on mène la diagonale AR, cette diagonale représente à la fois la ***grandeur*** et la ***direction*** de la ***résultante***. Ainsi, le point A, sollicité par les deux forces AF et AF', est exactement dans le même cas que s'il était sollicité par une seule force, qui serait dirigée suivant AZ, et qui aurait une grandeur égale à AR.

Cette loi est vraie pour les forces égales comme pour les forces inégales; pour celles qui font un angle droit ou obtus, comme pour celles qui font un angle aigu. C'est le principe fondamental de toute la Statique; c'est ce qu'on appelle le ***parallélogramme des forces***.

Quand les deux forces sont égales, la résultante divise toujours leur angle en deux parties égales; mais pour sa grandeur, elle peut être égale à celle des composantes, ou plus grande ou plus petite (*fig.* 5, 6 et 7).

Si les deux forces sont inégales, la résultante divise leur angle en deux parties inégales, et se trouve constamment plus rapprochée de la plus grande force (*fig.* 8).

Décomposition des Forces.

51. Le problème de la décomposition des forces a pour objet de décomposer une force connue en deux autres dont les directions sont données.

Or, cela sera toujours possible quand les directions et la force données se trouveront dans un même plan, et concourront en un même point.

Car, si ab (*fig.* 9) représente la force connue, et ac, ad, les directions de celles que l'on cherche, en menant par le point b les droites bc, bd, parallèles à ad, ac, on formera un parallélogramme $acbd$, dont les côtés ac, ad, seront les deux forces demandées.

52. Ce qu'on vient de dire sur la composition et la décomposition des forces étant indépendant du genre de moteur, on conçoit que les puissances appliquées au point A peuvent être également des percussions ou des mouvemens quelconques sans rien changer aux résultats obtenus. Ainsi, les lois établies s'étendent à toutes les espèces d'impulsions susceptibles de produire un effet, c'est-à-dire d'agir en même temps ou séparément sur le point A.

Résultante d'un nombre quelconque de forces agissant sur un seul point d'un corps.

53. Lorsqu'on sait trouver la résultante de deux forces qui agissent sur le même point d'un corps, il est facile de déterminer la résultante d'un nombre quelconque de forces A, B, C, D, etc. Pour cela, on cherche la résultante R des deux premières A, B, puis la résultante R' de R et de la troisième C, puis celle de R' et de la quatrième force D, et ainsi de suite, en prenant toutes les forces dans l'ordre qu'on veut (*fig.* 10).

Extension des principes précédens aux Pressions, aux Percussions et aux Mouvemens.

1° Aux Pressions.

54. Pour trouver la pression qu'un corps AB, sollicité par deux forces F, F', exerce au point P sur lequel on le fait agir (*fig.* 11), il suffit de transporter les forces au point de rencontre R de leurs

directions prolongées, puis de chercher leur résultante RP par la règle du parallélogramme des forces (50); cette résultante passant par le point P, exprimera conséquemment en grandeur et en direction la pression qu'il supporte.

Si les forces F, F' étaient parallèles, la résultante serait parallèle aux composantes et évidemment égale à leur somme.

55. Si plus de deux forces agissaient ensemble sur le point P, en les composant par le même principe, on les ramènerait facilement à deux forces équivalentes dont on déterminerait ensuite la pression comme précédemment.

2° Percussions. — Choc oblique.

56. Lorsqu'un corps élastique vient frapper un plan sous un certain angle, il rejaillit dans une direction opposée, en faisant un *angle de réflexion* égal au premier, qu'on nomme *angle d'incidence.*

Soit une bille *a* lancée contre le plan *ab* (*fig.* 12), avec une vitesse représentée par *io :* on décompose *io* en deux autres vitesses *mo* et *no; no* est détruite au moment du choc et remplacée en vertu de l'élasticité, par une vitesse égale et contraire *on.* Mais *mo*, qui est parallèle au plan subsiste; de sorte que la bille doit suivre la diagonale *or* qui a évidemment la même inclinaison que la diagonale *io.*

Le jeu de billard est fondé sur la connaissance de cette loi du choc des corps élastiques.

57. Maintenant, si au lieu d'un plan, on suppose une bille mobile B (*fig.* 13), et qu'une autre bille *a* se porte sur la première en suivant une direction qui ne passe point par son centre; dans ce cas, dès que *a* sera arrivé en *a'*, sa vitesse se décompose en deux : l'une *da'* qui se dirigera au centre de la bille B, l'autre *ca'* formant un angle droit avec *da'*, et qui ne pourra influencer en rien sur le corps choqué.

Si les billes *a'* et B sont de même masse, la première sera réduite au repos, et la seconde acquerra toute sa vitesse, avec laquelle elle se portera vers F; mais la boule *a'*, sollicitée par une certaine vitesse suivant *ca'*, se portera dans la direction *a'*E.

Si B a une masse double de *a'*, la première se portera vers F avec les $\frac{2}{3}$ de la vitesse que *a'* possède suivant *da'*, et *a'* reviendra sur elle avec $\frac{1}{3}$ de sa vitesse primitive : cette vitesse, combinée avec celle qui a lieu suivant *ca'*, fera parcourir à la bille *a'* une certaine diagonale *a'*G.

3° Aux Mouvemens.

58. Un vaisseau flottant sur les mers, qui a le vent du *nord* en poupe, et qui se trouve en même temps chassé à l'*est* par un courant dont la force égale celle du vent, se meut à chaque instant un peu vers le *sud*, un peu vers l'*est*, et la trace de sa route est réellement une ligne se dirigeant vers le *sud-est* (*fig.* 14), ou suivant la résultante des deux impulsions.

59. L'effet que produisent ici deux forces continues, comme le vent et les vagues, aurait également lieu si elles ne duraient qu'un moment.

C'est ainsi que le choc instantané des billes élastiques, donne un moyen très-simple de vérifier la règle du parallélogramme des forces dans le cas du mouvement.

Soient trois billes égales *a*, *b*, *c* (*fig.* 15), si on laisse tomber *a* suivant un arc de 10°, on imprimera à *c* une vitesse représentée par 10 et dans une direction déterminée; de même avec la bille *b*, il sera possible de donner à *c* une vitesse exprimée par 20 dans telle direction qu'on voudra. Actuellement si l'on produit les deux chocs à la fois, on aura une direction moyenne et une certaine vitesse qu'on pourra estimer par l'arc de cercle que décrira la bille *c*. Or, si l'on rapporte sur le papier les vitesses données à *c* avec leurs directions, on trouvera que la vitesse résultante représente en longueur et en direction la diagonale du parallélogramme construit sur les composantes.

60. Les ricochets que fait une pierre lancée obliquement à la surface de l'eau, offrent un effet de la décomposition du mouvement que cette pierre a acquis à l'instant du choc. Plus on la jette avec force et adresse, plus elle produit de réflexions régulières.

61. Le mouvement continuel de la lumière qui tombe sur les corps, présente aussi un des exemples les plus beaux et les plus importans de la réflexion des corps élastiques. Dans cette chute, l'angle de réflexion est toujours égal à l'angle d'incidence, et les meilleurs instrumens d'optique ne servent qu'à constater la parfaite élasticité de ce fluide impondérable.

62. Pour qu'un matelot puisse en pleine mer déterminer le lieu de son vaisseau sur la carte, il tient compte de tous ses mouvemens : d'abord du mouvement progressif, dont la mesure lui est donnée par le *loch* *, puis de la dérive causée par le vent qui l'emporte

* C'est une petite pièce de bois qu'on laisse tomber à la mer et qu'on suppose rester en place ; de sorte qu'en filant la corde du loch pendant une

sur la droite ou sur la gauche, enfin, de l'effet du courant dans lequel il navigue ; la résultante de ces trois mouvemens (53) donne le lieu qu'il veut connaître.

LEÇON IIe.

Applications du principe du Parallélogramme des Forces et des Vitesses. — Natation. — Vol. — Rames. — Moyen de diriger les Bateaux en tenant compte de l'action des rames et du courant de la rivière. — Comment la voile d'un Vaisseau permet d'utiliser le vent pour aller dans toutes les directions, et même contre le vent, en courant des bordées. — Du centre de gravité. — Comment on détermine par expérience sa position dans les divers corps. — Application aux Postures et aux Mouvemens de l'homme et des animaux. — Comment la position du centre de gravité influe sur le degré de stabilité dans l'équilibre des Corps. — Application au chargement des Voitures.

Applications du principe du Parallélogramme des Forces et des Vitesses.

63. Les applications de la règle du parallélogramme des forces sont nombreuses et variées.

1° Les plus petits mouvemens de nos membres, le jeu des outils que nous employons, les mouvemens extérieurs auxquels nous sommes obligés de participer, sont tous soumis à cette loi.

Dans chaque cas, il est important de bien considérer si les forces composantes dont nous faisons usage sont dirigées de manière à produire une résultante qui suive la direction que nous désirons lui faire prendre ; et si la quantité de force perdue est la moindre possible.

2° Souvent on trouve l'occasion d'observer que quand les poissons, les oiseaux, les reptiles veulent aller en avant, leur mouvement est toujours précédé de deux coups de queue fortement frappés en sens contraire. Le corps prend un mouvement composé de ces deux impulsions ; il ne va ni à droite ni à gauche, mais dans une direction qui tient le milieu entre l'une et l'autre.

3° Le jeu de billard présente continuellement des effets de la composition et décomposition des forces, mais accompagnés de diverses circonstances qui tiennent au frottement des billes l'une sur l'autre et sur le tapis, et à la manière dont le joueur touche la bille

---

minute, la longueur de cette corde donne l'espace parcouru, d'où l'on conclut la vitesse par heure. On fait cet essai de temps en temps parce que la vitesse change. Un vaisseau marche très-bien quand il fait 3 ou 4 lieues à l'heure. Certains bateaux à vapeur font jusqu'à 5 lieues.

choquante, c'est-à-dire suivant qu'il la prend en *plein*, ou au-dessus ou au-dessous du centre.

4° Le batelier qui veut traverser une rivière la remonte en faisant avec la rive un angle d'autant plus aigu que le courant est plus rapide. En agissant de cette manière, son bateau participe au mouvement qu'il lui imprime obliquement au fil de l'eau, et au mouvement que le courant lui communique; et c'est ainsi qu'il arrive au point où il veut aboutir sans paraître s'y diriger.

5° Un noyau pressé obliquement entre les doigts s'en échappe avec vitesse et va, par un mouvement composé, frapper le but vers lequel il est dirigé.

6° Ce que l'on jette par la portière d'une voiture en mouvement, ou sur le rivage quand on est dans un bateau emporté par le courant, n'arrive jamais au but qu'on s'est proposé, si l'on ne considère que la seule impulsion du bras. Outre celle-ci, il faut avoir égard au mouvement de la voiture ou du bateau qui est commun au mobile et à la main : aussi lorsque l'on saute hors d'un carrosse ou d'un bateau en mouvement, faut-il s'attendre à tomber au-dessous de l'endroit qu'on a vis-à-vis soi à l'instant même qu'on s'élance.

7° Le choc du marteau est l'effet combiné des vitesses successives que le bras et la gravité lui impriment à la fois, et qui s'y accumulent pendant tout le temps de la descente. Le forgeron, le boxeur, le bûcheron connaissent ce principe par l'expérience. Veulent-ils déployer une grande force, l'un élève son marteau à une grande hauteur, l'autre sa hache, le troisième ramène le poing vers la poitrine avant de frapper, et l'espace à parcourir leur permet d'imprimer à leur arme respective une vitesse considérable.

Natation.

64. La *natation* est l'art de nager : elle a pour objet l'étude des actions musculaires à l'aide desquelles l'homme se soutient et se déplace dans l'eau.

65. Tout l'art de la natation repose sur le principe de la composition des forces. Pour suivre une route directe, le nageur exécute à droite et à gauche des mouvemens semblables et symétriques avec ses mains et ses pieds, comme le montre la figure 16. La répulsion de l'eau, contre la paume des mains et la plante des pieds, est indiquée par les flèches f, f', F, F', et les résultantes le sont par r, r'. Si l'on éprouve tant de difficulté de remonter un courant rapide, c'est que les pieds et les mains ne trouvent d'appui sur l'eau qui fuit, qu'en augmentant beaucoup la vitesse d'extension.

66. On a observé que le corps humain, après une forte inspiration, devient tellement plus léger que l'eau, qu'il flotte sans aucun effort, avec la moitié de la tête environ au-dessus du niveau du liquide, sans plus de tendance à s'enfoncer que n'en aurait un morceau de sapin. Dans un danger, il suffirait donc, à qui ne sait pas nager, pour entretenir sa respiration et sa vie, de faire en sorte que ce fût sa face qui sortît toute entière de l'eau.

Les personnes grasses, en général, nagent plus facilement que celles qui ne le sont pas; on en a vu même ne pouvoir s'enfoncer dans l'eau, et, sans le vouloir, rester à sa surface avec la plus grande facilité. Cependant, il y a toujours quelque précaution à prendre pour éviter de plonger le visage dans le liquide et à s'y mouvoir à droite ou à gauche selon sa volonté; c'est toujours en cela que consiste l'art de nager.

On se soutient sans mouvement sur le dos, la tête étant en partie plongée; dans la position ordinaire, il faut que la tête entière se trouve hors de l'eau et assez fortement renversée en arrière pour qu'on puisse respirer.

67. La nage est beaucoup plus facile pour les quadrupèdes que pour l'homme, parce que le train de derrière est chez eux plus lourd que celui de devant; de sorte qu'ils peuvent, sans un grand effort, toujours tenir leur tête hors de l'eau et respirer librement: de plus, les mouvemens qu'ils ont à faire pour se soutenir le mieux possible à la surface du liquide, sont précisément ceux qu'ils effectuent dans leur marche ordinaire ou pendant leur course. Chez l'homme, au contraire, la partie antérieure du corps, surtout la tête, est la plus pesante; c'est aussi elle qui tend à plonger la première, et il faut une étude particulière pour la tenir au-dessus de l'eau et pouvoir respirer.

Vol.

68. Les oiseaux, comme tous les êtres animés, sont formés de deux parties symétriques, l'une à droite et l'autre à gauche du plan vertical *ad* (*fig.* 17), qui passe par leur tête et leur queue, quand ils se tiennent droits. Lorsqu'ils volent, leurs ailes exécutent des mouvemens symétriques, et frappent également l'air, qui réagit contre elles avec deux forces égales de chaque côté du plan *ad*. La résultante de ces deux impulsions est donc dans ce plan, et pousse l'oiseau suivant la direction qu'il indique.

Il est facile de concevoir qu'en abaissant les ailes assez vivement pour que l'air résiste, l'oiseau trouve un point d'appui qui élève son corps. En se relevant, les ailes ne rencontrent pas la même résistance, parce que leur face supérieure est convexe, et qu'elle peut encore le devenir davantage en cédant. Les muscles élévateurs sont d'ailleurs bien moins forts que ceux qui abaissent.

Du Cerf-Volant.

69. C'est ici le lieu de parler du ***cerf-volant*** et d'expliquer comment il se soutient et s'élève par l'impulsion de l'air.

Or, cette impulsion se décompose en deux forces, l'une parallèle à la surface du cerf-volant, et qui est sans influence; l'autre perpendiculaire, qu'on peut représenter par *ab* (*fig.* 18). En se composant avec la résistance *ac* de la ficelle, elle donne une résistance *ad* égale et directement opposée au poids *ae* de tout l'appareil. La ficelle *ac* qui retient le cerf-volant, doit toujours être fixée un peu au-dessus du milieu de sa ***bande***, afin qu'il conserve une position oblique.

Rames.

70. La ***rame***, nommée ***aviron*** par les marins, est une longue pièce de bois qui se compose de trois parties principales : la ***poignée***, le ***manche*** et la ***pelle*** ou ***pale***. La poignée doit toujours être faite de telle sorte que le rameur puisse la saisir et la serrer des deux mains placées l'une à côté de l'autre; les dimensions proportionnelles du manche et de la pale varient suivant la disposition des deux rangs de rames du vaisseau. Chaque rame remplit la fonction d'un levier du second genre (108); la résistance se trouve appliquée au point où la rame touche le vaisseau, la puissance à la poignée, et le point d'appui se trouve au centre d'effort de la pale contre l'eau qu'elle pousse.

71. Les rames servent à faire marcher les canots, les chaloupes et autres embarcations, ainsi que les barques et autres petits bâtimens, lorsque le défaut de vent les empêche d'aller à voile.

On embarque aussi à bord des vaisseaux et frégates de grands avirons appelés ***avirons de galère***, dont l'usage, dans les calmes, ou quand le vaisseau se trouve démâté, est de le faire tourner d'un côté ou de l'autre.

Remarque. L'utilité des rames pour faire voguer les bâtimens par un temps calme, où les voiles deviennent inutiles, et pour les faire avancer directement contre le vent, laissait à regretter de ne pouvoir les employer sur des navires d'une grande dimension. Mais de nos jours l'application des machines à vapeur à la navigation est venue remédier en partie à ce grave inconvénient; maintenant les *roues à pale* de nos superbes bateaux ne sont que des assemblages de rames mises en mouvement par un moteur infiniment plus puissant que les bras des matelots.

Moyen de diriger les bateaux, en tenant compte de l'action des rames et du courant de la rivière.

72. Le bateau qu'on dirige de manière à être poussé d'un côté par le courant d'eau, en le lui présentant obliquement, et de l'autre par la force des rames, doit nécessairement donner une résultante susceptible de lui procurer une marche directe entre les deux sortes d'impulsions qu'il reçoit; elle est encore évidemment la diagonale du parallélogramme construit avec les composantes.

C'est ainsi qu'on voit le batelier, offrant toujours obliquement le flanc de sa nacelle au courant de la rivière qu'il remonte, en agitant sa rame du côté opposé, poursuivre progressivement sa route, sans éprouver beaucoup de fatigue.

Comment la voile d'un vaisseau permet d'utiliser le vent pour aller dans toutes les directions, et même contre le vent, en courant des bordées.

73. Tout l'art du navigateur consiste à savoir opposer à la force du vent les voiles de son navire, pour en recevoir l'impulsion dans une direction convenable non-seulement à la route qu'il veut suivre, mais aussi pour la changer à volonté, et faire toutes les manœuvres que les circonstances exigent.

74. On a ici deux cas à examiner : la marche ordinaire du navire, et sa marche contre le vent, en courant des bordées*.

75. D'abord, soit un vaisseau placé dans une direction telle, que la ligne droite menée du milieu de sa *poupe* au milieu de sa *proue* suive la direction même du vent, la proue en avant, et soient les voiles orientées perpendiculairement à cette direction. Ces voiles ainsi que le vaisseau étant symétriques relativement au plan vertical qu'on imagine passer par le milieu de la poupe et de la proue, il n'y a pas de raison pour que le bâtiment se dévie plutôt vers la droite que vers la gauche, par rapport à la direction du vent; il doit donc suivre la direction du plan symétrique. Telle est la marche directe du vaisseau, qu'on appelle *vent arrière*.

76. Maintenant si l'on fait tourner le gouvernail** dans un sens,

---

* On nomme *bordée*, la route que fait un vaisseau en allant tantôt à droite, tantôt à gauche pour arriver à un endroit déterminé.

** Le *gouvernail* est une pièce de bois convenablement ferrée qui se prolonge à l'arrière du vaisseau et s'y fixe au moyen de gonds sur lesquels le vaisseau ira aussitôt dans le sens opposé, pour prendre une route oblique; laquelle dépendra de la disposition du gouvernail et de la direction donnée aux voiles. Dans tous les cas, si la force du vent agit perpendiculairement sur une voile, elle transformera dans sa direction propre son impulsion à la mâture, et par suite au vaisseau. Si le vent agit obliquement sur la voile, il faudra décomposer sa force en deux, l'une dans le sens de la voile, qui ne produira aucun effet, l'autre, dans le sens perpendiculaire, qui agira toute entière sur la mâture et sur le vaisseau. Or, ce qu'on vient de dire pour une voile a lieu pour toutes celles qui sont déployées pour recevoir l'impulsion de la même manière, et tout se passe alors comme si chacune d'elles était tirée dans des directions parallèles; de sorte que rien ne serait plus facile que de déterminer la résultante de toutes ces forces, ou la route du vaisseau.

77. Ce qui précède étant bien compris, on peut expliquer comment on parvient à faire marcher un navire jusqu'à un certain point contre le vent.

Soit *ab* (*fig.* 19) la direction du navire, le vent soufflant conséquemment dans le sens *ba;* on dispose le bâtiment pour qu'il marche, comme on le dit, au *plus près du vent,* ce qui signifie que la proue s'approche le plus près possible de l'origine du vent. Les voiles étant placées dans la position de la figure 20 *, par exemple, le côté droit du navire, qu'on appelle *tribord*, se présente au vent; on le voit dès lors suivre une ligne *ac* plus ou moins oblique à la direction du vent *ba;* arrivé en *c*, il vire de bord, c'est-à-dire qu'il offre son flanc gauche, ou *babord*, à l'action de l'air, et suit alors la ligne oblique *cd;* en *d*, il change de bord une seconde fois, et parvient en *e*, d'où il passe en *b*, après avoir ainsi couru les différentes bordées *ac*, *cd*, *de*, *eb*. C'est là ce qu'on appelle à la mer marcher contre le vent, en courant des bordées.

---

elle tourne comme une porte sur les siens; à sa tête est adaptée une forte barre de bois ou de fer qui sert de levier pour le mouvoir, et qui prend le nom de *barre* ou de *timon*. Dans les grands vaisseaux on fait mouvoir la barre au moyen d'un treuil (138) dont la roue se nomme *roue du gouvernail*. A l'aide du gouvernail, un seul homme amène et maintient dans telle ou telle direction le bâtiment le plus considérable, et peut le conduire au milieu de rochers et de hauts fonds, comme le cocher le plus adroit dirige sa voiture. Le gouvernail a pour effet d'imprimer au vaisseau des mouvemens de rotation autour de son axe vertical.

* Dans cette figure, *cd* représente la force et la direction de vent, dont l'action s'exerce sur la voile *ab*.

Lorsqu'un navire fait route avec un vent contraire, les voiles doivent être disposées suivant des plans tellement rapprochés de sa direction, que, à moins qu'elles ne soient presque planes, une grande partie de leur surface devient inutile.

Du centre de gravité.

78. Un corps pesant, quelles qu'en soient les dimensions, peut être considéré comme un assemblage d'un grand nombre de points matériels, dont chacun est sollicité par la pesanteur.

Toutes ces forces pourraient être remplacées par une force unique (47) appliquée à un certain point; c'est cette force, qui ne serait autre chose que la résultante de toutes les actions de la pesanteur, qu'on nomme le *poids* d'un corps, et c'est le point où elle devrait être appliquée que l'on appelle son *centre de gravité.*

Ainsi, on peut dire que le *centre de gravité* est un point tel que, quand il est soutenu, le corps entier reste en repos.

C'est à Archimède que l'on doit la découverte du centre de gravité; plusieurs habiles géomètres se sont occupés ensuite d'en déterminer la position, soit dans les lignes, soit dans les surfaces, soit dans les solides. Euler, considérant qu'elle ne dépend que de la surface des corps, nommait ce point *centre d'inertie.*

79. La verticale qui passe par le centre de gravité ou d'inertie se nomme *ligne de direction*, parce que c'est en effet la résultante de la direction, ou la ligne suivant laquelle le centre de gravité du corps tend à se précipiter vers la terre.

80. Dans un corps pesant, dont les dimensions ne sont pas de quelques centaines de mètres, les actions que la pesanteur exerce sur chacune de ses molécules peuvent être prises pour parallèles, puisqu'elles sont toutes dirigées vers le centre de la terre et qu'elles se trouvent à un grand éloignement de ce point; de plus, elles sont égales, puisque ces molécules tombent toutes aussi vite dans le vide. Ainsi, le *centre de gravité* n'est autre chose qu'un *centre de forces parallèles et égales.*

De là résulte une propriété caractéristique du centre de gravité: c'est que ce point est fixe dans l'intérieur des corps solides, et ne change pas, quelle que soit la position qu'on leur donne à l'égard de la pesanteur.

Par exemple, le point G étant le centre de gravité du corps ABC quand le point C est en haut (*fig.* 21), il sera encore le lieu du centre de gravité quand le point C sera en bas, ou dans toute autre position qu'on pourrait lui donner.

81. Pour empêcher un corps d'obéir à l'action de la pesanteur,

il suffit d'en soutenir le centre de gravité, où d'y appliquer une force égale et directement opposée à la résultante. Si le corps est suspendu librement dans l'air, le point d'appui pourra être considéré comme une force égale à celle de la pesanteur; mais pour que l'équilibre existe, il faut en outre qu'elle lui soit directement opposée. Le corps oscillera donc jusqu'à ce que sa direction passe par le point d'appui; il sera alors entre deux forces égales et directement opposées.

On voit par là que la même verticale passe à la fois par le point d'appui et le centre de gravité; ce qui fournit un moyen simple d'obtenir expérimentalement la position de ce dernier.

Comment on détermine par expérience la position du centre de gravité dans les divers corps.

82. Expérience. On suspend par un des points C de sa surface (*fig.* 22), le corps dont on veut connaître le centre de gravité, et, quand il est en repos, on marque avec toute l'exactitude possible le point m où le prolongement de la verticale vient percer la surface inférieure; on recommence l'expérience sur un autre point A, en marquant de même le point m' correspondant; de cette manière on a deux lignes Cm, et Am' dans chacune desquelles se trouve le centre de gravité ou d'inertie, et leur rencontre G en détermine conséquemment la position.

83. Quand les corps soumis à l'expérience sont *homogènes*, c'est-à-dire que leurs atômes sont de même nature, leur centre d'inertie est celui de la figure qu'ils présentent, chaque fois qu'elle est régulière.

Ainsi, le centre de gravité d'une ligne matérielle est au milieu de cette ligne.

Celui d'un cercle, d'une sphère, d'un ellypsoïde, se trouve au centre de chacune de ces figures.

Celui d'un quarré, d'un cube, existe à la rencontre de leurs diagonales.

84. Lorsque les corps sont composés de matières *hétérogènes*, ou de molécules inégalement pesantes, leur centre de gravité ne se trouve plus coïncider avec leur centre de figure. Si l'on prend, par exemple, une règle dont une moitié soit en bois léger et l'autre en métal, le centre de gravité ne sera plus au milieu; c'est ce qu'il est facile de sentir; et si l'on veut la faire tenir en équilibre sur un point, ou sur l'extrémité d'une aiguille, on ne placera pas l'aiguille sous le centre de la règle, mais bien à une certaine distance de ce

centre, qui correspond à la moitié en métal, parce que c'est dans celle-ci que se trouve le centre de gravité.

Pareillement, si l'on suppose une sphère parfaite dont une moitié soit en ivoire et l'autre en bois, le centre de gravité ne sera plus au centre de la sphère, mais se trouvera du côté de l'hémisphère en ivoire; et en général le centre de gravité se rapproche toujours de la partie où la matière est la plus dense; car il est le centre de matière qui peut, comme les deux exemples précédemment cités le prouvent, être très-différent du centre de figure.

Quoi qu'il en soit, on trouvera le centre d'inertie de tous ces corps, en les soumettant à l'expérience précédente.

Applications aux postures et aux mouvemens de l'homme et des animaux.

85. Pour qu'un corps soit soutenu en *équilibre*, il faut que son centre de gravité se maintienne toujours au-dessus de sa base, ou en d'autres termes que la ligne verticale abaissée de son centre d'inertie passe dans l'enceinte de sa base de *sustentation* *, le corps tombe dès qu'elle s'en écarte.

On conçoit d'après cela que plus la base du corps est petite, plus il doit être difficile de le soutenir. Aussi éprouve-t-on beaucoup de peine à faire tenir un cône droit sur son sommet. Plus elle est grande au contraire, moins il existe de difficulté; c'est pourquoi un cône assis sur le plan circulaire de sa base, se trouve si solidement établi.

86. La base de *sustentation* ou de *support* de l'homme, se compose de ses pieds et de l'espace qu'il laisse entre eux. D'un autre côté, son centre de gravité se trouve vers le milieu de la région des hanches.

Pour un homme, dans la position verticale ou sur ses pieds, il y a donc avantage à tourner un peu les pieds en dehors; par ce moyen, on diminue la longueur de la base, mais elle est bien plus que compensée par la largeur qu'elle gagne. S'il tient ses pieds à côté l'un de l'autre, les talons étant dans la même ligne droite, il a très-peu de stabilité, parce qu'au moindre mouvement la verticale de son centre d'inertie sort de cette petite base; il ne peut se pencher en avant, à moins qu'il ne porte en même temps la

* On nomme ainsi la figure que présente l'ensemble de tous les points d'appui de ce corps sur un plan horizontal. Tantôt elle est un point unique, tantôt une ligne, une surface.

partie postérieure de son corps en arrière pour ramener la verticale dans sa base. S'il place ses pieds l'un devant l'autre, sur une même droite, il se trouve dans la moindre stabilité possible.

87. Lorsqu'un homme assis vient à se lever, il commence par pencher le haut du corps en avant, afin de ramener son centre de gravité au-dessus de l'espace compris entre ses pieds. S'il n'a pas cette précaution, il retombe en arrière sur son siége, tendant les bras en avant, dans l'espoir de rétablir l'équilibre.

Un homme placé debout contre un mur vertical, les talons appuyés contre la base de ce mur, ne peut jamais parvenir à ramasser un objet qui repose sur le sol devant lui, sans tomber sur ses mains. En effet, le mur l'empêche de rejeter en arrière aucune partie de son corps, pour faire équilibre à la tête et aux bras, qui se projettent en avant. Il arrive souvent que des personnes n'hésitent point à faire le pari de ramasser ainsi une bourse qui contient l'enjeu; et toujours elles perdent indubitablement.

88. Dans la marche, le centre de gravité se porte alternativement sur le pied droit, puis sur le pied gauche; de sorte qu'il décrit une ligne ondulée. Deux personnes qui se donnent le bras, doivent conséquemment s'imprimer à chaque instant des secousses mutuelles, si elles n'ont pas l'attention de marcher au pas comme les soldats.

S'il est difficile de marcher sur deux pieds, il l'est bien plus de marcher sur deux jambes de bois, dont les extrémités arrondies n'ont qu'une petite surface, et bien plus encore sur les échasses, comme le font les habitans des Landes, pays entre Bordeaux et Bayonne.

89. Dans la course, le centre de gravité se trouve placé en avant de la base de sustentation; il faut donc à chaque instant ramener les pieds au-dessous de ce point, et avec d'autant plus de vitesse qu'on est plus incliné, c'est-à-dire qu'on court plus vite.

90. Un homme chargé d'un fardeau doit se pencher en arrière lorsqu'il le tient devant lui, et se pencher en avant lorsqu'il le porte sur son dos, afin d'amener le centre de gravité commun de son corps et du fardeau dans l'aplomb de ses pieds, ou sa ligne de direction Gp dans l'enceinte de la base (*fig.* 23 et 24).

La position la moins pénible pour le porteur a lieu quand deux parties opposées de son corps se trouvent également chargées, comme l'indiquent les *figures* 25 et 26, qui représentent un homme chargé d'un bissac et un porteur d'eau.

91. Tous les jeux et exercices d'équilibre dont on amuse les curieux, roulent sur la dextérité avec laquelle on maintient la verticale du centre de gravité sur une base très-étroite. Tantôt la base est fixe et n'a d'étendue que quelques pouces de la longueur d'une corde

assez mince ou d'un fil de fer, et alors il faut faire jouer le balancier pour ramener dans cet espace la verticale du centre de gravité; tantôt cette base est mobile, et il faut la faire mouvoir assez adroitement pour qu'elle se trouve sans cesse sous le centre de gravité, comme dans l'équilibre d'une canne ou d'une épée qu'on soutient sur le bout du doigt; enfin les deux difficultés se rencontrent à la fois, c'est alors que le danseur de corde montre tout son talent.

92. Dans les animaux quadrupèdes, la base de sustentation est fort étendue et le centre d'inertie très-bas; de là vient leur grande stabilité et la difficulté de les renverser. Par exemple, dans l'ours (*fig.* 27), sa base *abcd* est déterminée par les lignes droites *ab*, *bc*, *cd*, *da*, menées de chacun de ses pieds à l'autre, et son centre de gravité se trouve à peu près au point G; il peut donc difficilement tomber, à moins que l'un des quatre pieds vienne à manquer.

D'après cela, on doit concevoir pourquoi ils se tiennent sur leurs pieds beaucoup plus tôt que l'homme. Ce n'est guère qu'à l'âge de dix mois à un an, que l'enfant le plus précoce commence à marcher sans guide; il faut qu'il porte toute sa masse sur une base très-étroite quoiqu'en changeant constamment d'attitude. Les petits quadrupèdes au contraire, s'appuyant sur une base fort étendue, par rapport à la hauteur de leur centre d'inertie, marchent pour la plupart, peu de jours après leur naissance.

Comment la position du centre de gravité influe sur le degré de stabilité des corps.

De l'Équilibre.

93. On a vu (81) que la seule condition d'*équilibre* d'un corps pesant, est que son centre de gravité soit soutenu; mais cette condition se remplit de plusieurs manières, que le corps soit suspendu à un point fixe, ou appuyé sur un plan.

1° Une aiguille AC (*fig.* 28) peut tourner librement à l'extrémité de l'axe d'un cadran vertical MTSN; pour que son centre d'inertie G soit soutenu, il est nécessaire qu'il se trouve dans le plan vertical passant par l'axe. Or, cela n'arrivera que quand il sera en G′ au-dessous de l'axe, ou en G au-dessus : ce qui donne deux positions d'équilibre. Dans le premier cas, on dit que l'équilibre est *stable*, parce qu'en écartant l'aiguille d'un côté ou de l'autre de sa position, elle tend à y revenir et finit par la reprendre. Dans le second, l'équilibre est *instable*, parce que l'aiguille, si peu qu'on l'en écarte, fait la bascule, pour n'y revenir jamais.

2° Un corps posé sur un plan horizontal et qui ne le touche que par un point, peut prendre les diverses positions d'équilibre suivantes. Si la verticale menée de son centre de gravité G au point d'appui p, est la plus petite possible, comme cela arrive pour un œuf posé sur le flan (*fig.* 29), l'équibre est *stable;* alors, tout effort pour le déplacer, tendra à élever son centre de gravité, et le corps, abandonné de nouveau, reprendra sa position. L'équilibre est *instable*, si le centre de gravité est situé le plus haut possible, ainsi que le présente la situation d'un œuf posé sur sa pointe (*fig.* 30); ici le centre de gravité ne pouvant que descendre, le corps culbutera au moindre choc et ne se relèvera pas. Enfin, la position d'équilibre est dite *indifférente* pour une sphère homogène placée sur un plan horizontal, parce qu'elle y est en équilibre dans toutes les positions : il en est de même pour un polyèdre régulier quelconque, par rapport à ses faces, le centre de gravité, comme dans la sphère, étant également éloigné de chacune d'elles.

94. Ces trois positions d'équilibre existent également pour les corps qui s'appuient sur un plan par deux points ou suivant une ligne droite, et pour ceux qui y reposent sur une base quelconque plus ou moins étendue, seulement l'équilibre indifférent ne convient qu'à plusieurs d'entre eux et dans certaines situations qu'on leur donne ; on peut citer particulièrement les corps ronds élémentaires et les polyèdres réguliers.

95. Maintenant il est aisé de concevoir toute l'influence que peut avoir sur la stabilité des corps, la position de leur centre de gravité. On voit que plus il sera près de la base de sustentation, plus le corps sera stable ; et que plus il en sera éloigné, moins il faudra faire effort pour le renverser. Aussi, à mesure que cette base s'étendra d'avantage, la stabilité deviendra de plus en plus grande.

Application au chargement des voitures.

96. Dans cette application, on distinguera deux cas : l'un qui est relatif aux voitures à deux roues, l'autre à celles qui en ont quatre.

1° Lorsqu'on charge une voiture à deux roues, la verticale qui passe par le centre de gravité doit tomber entre les roues et sur la ligne qui joint leurs points de contact avec le sol. Si elle tombe en avant ou en arrière, la voiture est trop chargée de l'avant ou de l'arrière; et comme cette voiture peut rouler sur des plans inclinés, où elle est retenue par le frottement, il faut, pour qu'elle ne verse pas, que la verticale du centre de gravité ne tombe pas hors de la ligne quelimitent les points de contact des roues; ce qui est d'autant plus difficile que les roues sont plus élevées, et que la charge occupe un plus grand volume.

Une telle voiture verse aussitôt que la verticale G*p* passe en dehors des roues (*fig.* 31). Plus donc une voiture est chargée en hauteur, plus son centre de gravité est élevé, et plus elle est disposée à verser. Aussi plus les roues sont basses, plus la voie est large, moins il y a de danger.

2° Les voitures à quatre roues présentent une stabilité bien plus considérable à cause de la grande étendue de leur base de sustentation, stabilité qui augmente encore en élevant moins la charge.

Un chariot chargé de métal ou de pierres, marche sans danger sur l'un des côtés d'une route en dos d'âne ; le même chariot, chargé d'un poids moindre de laine ou de foin, verserait infailliblement.

La base de sustentation est bien la même dans les deux cas, mais on voit (*fig.* 32) que la ligne de direction qui part du centre de gravité du métal *c*, tombe dans l'enceinte de la base, tandis que celle du centre de gravité de la charge de laine *a*P tombe au-delà.

Voilà pourquoi les diligences élevées sont si dangereuses, surtout lorsqu'elles sont extrêmement chargées par le haut. On comprend aussi pourquoi il arrive tant d'accidens aux cabriolets élevés : une légère altération dans le niveau de la route, un tournant même suffisent pour amener l'accident, si la voiture marche avec rapidité. Les voitures dites de *sûreté* ont leurs roues fort écartées, et conséquemment une base très-large ; de plus, les magasins pour le bagage et les siéges de ceux qui voyagent à l'extérieur ont été considérablement abaissés. Au lieu de se trouver à la partie supérieure de la voiture, on les a disposés à l'avant et à l'arrière, et aussi bas possible.

Autres applications utiles aux Arts et à l'Industrie.

97. Les applications véritablement les plus utiles des conditions de l'équilibre, sont celles qui se présentent à chaque instant dans les Arts. Ceux qui ne les observent pas avec soin dans le dessin et la sculpture, par exemple, sont exposés à faire des figures qui tombent ou des statues qui ont besoin de broches qui les traversent pour se tenir debout.

Les diverses attitudes du danseur sur nos théâtres semblent avoir pour but de montrer la variété infinie de positions que peut prendre le corps humain en conservant toujours le centre de gravité au-dessus de la base. La célèbre statue du Mercure volant nous offre un exemple bien connu du gracieux équilibre. Mais quel contraste ne remarque-t-on pas parmi les femmes, dit Neil-Arnott, entre cette beauté qui nous rappelle par sa démarche la Diane de la Fable, et cette femme dont le pied pressant avec peine un tapis, se trouve obligée de traverser un trottoir sur lequel elle porte son corps comme une charge toute nouvelle et à laquelle elle ne semble point habituée.

Dans l'architecture, c'est aussi de leur observation que dépendent la plus ou moins grande stabilité et la hardiesse des diverses constructions.

La plus légère inclinaison d'un corps rétrécit la base de sustentation. De là vient la nécessité de disposer suivant le *fil-à-plomb*, instrument si simple et si utile, les murs si légers des constructions modernes, les cheminées, etc. Les murs de briques de nos maisons ont si peu d'épaisseur, que pour résister elles doivent s'appuyer les unes sur les autres ; quelque accident vient-il les isoler, elles n'offrent plus la stabilité nécessaire.

Il existe un grand nombre d'édifices qui sont plus ou moins inclinés, et qui ont une solidité parfaite malgré qu'ils semblent avoir été construits dans le but de surprendre et d'effrayer à la fois.

L'immense colonne de pierres, connue sous le nom de *Monument*, élevée à quelque distance du pont de Londres, est tellement inclinée, que quelques esprits timides commencent à craindre pour sa solidité quand le vent vient à souffler de certains points de l'horizon.

Beaucoup de tours et clochers très-élevés, entre autres celui de la cathédrale de Salisbury, qui est le plus haut de tous ceux de l'Angleterre, ont perdu quelque chose de leur verticalité, tout en conservant un aplomb suffisant pour se maintenir.

Enfin, les fameuses tours de Pise et de Bologne ont une stabilité nécessaire, quoique la première, élevée de 64 mètres, soit inclinée de 5 mètres, et que la seconde ait 3 mètres d'inclinaison sur 43^{m} de hauteur. L'architecte a su ménager tellement la disposition des parties, que les lignes de direction de ces tours passent par leurs bases, en sorte que l'inclinaison de chaque tour ne fatigue nullement ses fondations.

98. Dans les différens métiers, la position du centre de gravité doit encore être une étude. Le support unique de certaines tables, des guéridons, par exemple, se ramifie par le bas pour donner de la stabilité à l'ensemble, en élargissant la base de sustentation. Quelques chaises ont aussi une base bien plus large que le siége ; ce sont celles sur lesquelles on assied les petits enfans pour qu'ils se trouvent à table à la hauteur de leur mère. Ces chaises deviennent dangereuses lorsque les pieds ne sont point très-écartés à leurs parties inférieures : un mouvement brusque, une inclinaison très-grande

de l'enfant, suffisent alors pour rejeter la ligne de direction hors du plan de la base.

Les chandeliers, les lampes, les vases, les candélabres et un grand nombre de meubles et d'ustensiles, ne doivent leur stabilité qu'à une disposition analogue.

Nota. Pour plus d'applications utiles et curieuses, on peut recourir à la Leçon XVIIIe de mon *Cours de Physique Générale* appliquée aux Arts (4e édition, 1838).

DEUXIÈME SECTION.

Du Levier.

LEÇON IIIe.

Principe général du Lévier. — Des trois espèces de Leviers. — Instrumens relatifs à chacune de ces espèces. — Manière de tenir compte du poids du Levier. — Pressions sur les Points d'appui. — Balance. — Procédé des doubles Pesées. — Romaine. — Peson. — Balance à bascule.

Des Machines.

99. On appelle *machine* tout instrument propre à produire du mouvement, de manière à épargner ou du temps dans la production de l'effet, ou de la force dans la cause.

100. Il existe des *machines simples* qui sont les élémens des autres; on en compte six: le *levier*, la *poulie*, le *tour*, le *plan incliné*, la *vis* et le *coin*.

L'assemblage de plusieurs machines simples forme une *machine composée;* le nombre de celles-ci est illimité.

101. Dans toute machine on considère la *résistance*, qui est une force à vaincre, ou à laquelle on veut faire équilibre; la *puissance*, ou la force employée pour détruire la résistance ou seulement lui faire équilibre; enfin le *point d'appui.*

102. Il y a autant de sortes de *résistances* qu'on peut se proposer d'objets dans la construction d'une machine. Tantôt c'est un poids qu'il faut élever ou soutenir, un bateau que l'on veut faire remonter contre le courant, une forte pression qu'on veut exercer ; quelquefois c'est la cohésion des molécules d'un corps qu'il faut rompre ; ou c'est une autre sorte de résistance qui dépend uniquement de

l'imperfection des machines, comme le frottement, la raideur des cordes, etc.

103. Les *puissances* qu'on applique le plus ordinairement aux machines sont : des poids; la force d'un fluide en mouvement, tels que l'eau, l'air, la vapeur aqueuse, le calorique; enfin la force des hommes et des animaux.

104. Le *point d'appui* est un point fixe et inébranlable, pour résister aux efforts de la puissance et de la résistance, et sur lequel ou autour duquel la machine se meut ou tend à se mouvoir.

Remarque. On peut regarder la *puissance*, la *résistance* et le *point d'appui* comme trois forces quelconques dont les effets réciproques se détruisent dans le cas d'équilibre.

Du Levier.

105. On nomme *levier* une barre inflexible APA′, droite ou courbe, qui peut tourner autour d'un point fixe P, qu'on appelle *point d'appui* (*fig.* 33 et 34).

Principe général du Levier.

106. Un levier ne peut jamais être en équilibre sous l'action d'une seule force, à moins que le prolongement de cette force ne passe par le point fixe (*fig.* 35 et 36).

107. Un levier étant sollicité par deux forces situées dans le même plan, il y a deux conditions pour qu'il reste en équilibre. ***Il faut premièrement que ces forces tendent à le faire tourner en sens contraire, et secondement que leurs intensités respectives soient en raison inverse de leurs bras de levier*** *.

Les deux forces AF, A′F′ (*fig.* 37) étant supposées dans le même plan, on voit qu'elles tendent à faire tourner le levier en sens contraire et qu'elles remplissent la première condition; mais pour qu'elles satisfassent aussi à la seconde, il faut ***que la première force contienne la seconde autant de fois que le bras de levier de celle-ci contient le bras de levier de la première.*** Si, par exemple, AF est double de A′F′, il faudra que PQ′ soit double de PQ; si AF était mille fois A′F′, il faudrait que PQ′ fût mille fois PQ.

Cependant on ne doit pas croire que PQ étant d'un mètre, par exemple, et PQ′ de mille, un homme qui tirerait suivant A′F′

---

* Le *bras de levier d'une force* est la longueur de la perpendiculaire abaissée du point d'appui sur la direction de cette force, ou sur son prolongement; ainsi PQ (*fig.* 37) est le bras de levier de la force AF, et PQ′ celui de la force A′F′.

pût faire équilibre à mille hommes de même force qui tireraient suivant AF ; car en passant à la pratique, il se présente des résistances dont la théorie ne tient pas compte.

Des trois espèces de Levier.

108. On distingue trois espèces de levier, suivant les positions relatives du point d'appui et des points d'application de la puissance et de la résistance.

Dans le *levier du premier genre*, le point d'appui *a* est entre la puissance *p* et la résistance *r* (*fig.* 38) : la balance est un levier de cette espèce. Quand la résistance *r* se trouve entre le point d'appui *a* et la puissance *p*, c'est *un levier du second genre* (*fig.* 39). Enfin dans celui du *troisième genre* la puissance est placée entre la résistance et le point d'appui (*fig.* 40).

Ligne de Direction.

109. La *ligne de direction* d'une puissance appliquée à une machine, est une ligne droite suivant laquelle cette puissance soutient un poids ou le met en mouvement. La *ligne de direction* d'un poids ou de la résistance appliquée à une machine, est la droite suivant laquelle ce poids ou la résistance se meut ou tend à se mouvoir.

La ligne *mp*, par exemple, est la direction de la puissance *p*, appliquée perpendiculairement au levier *ram* (*fig.* 41). La ligne *mp'* est la direction de la puissance *p'* appliquée obliquement au même levier. Enfin *rr* est la direction du poids ou de la résistance *r*.

Mesure de la distance de la puissance ou de la résistance au point d'appui.

110. La distance de la puissance ou de la résistance au point d'appui d'un levier quelconque, est toujours marquée par la perpendiculaire menée de ce point d'appui sur la ligne de direction de la puissance ou de la résistance.

Ainsi, la ligne *am* (*fig.* 41), perpendiculaire à la direction *mp*, indique de combien la puissance *p* est éloignée du point d'appui *a* ; la ligne *ar*, perpendiculaire à *rr*, indique la distance du poids ou de la résistance *r* au point d'appui *a* ; enfin *ao*, perpendiculaire sur la ligne de direction *omp'*, exprime la distance de la puissance *p'* au point d'appui *a*.

Il suit de là qu'une puissance dont la direction est perpendiculaire à la machine, se trouve plus éloignée du point d'appui que celle dont la direction est oblique à la même machine. En effet, si on applique la main au point *m*, on sera éloigné du point d'appui *a* de la distance *am* ; si on l'applique au point *p'*, on sera éloigné du même point d'appui *a* de la distance *ao*. Or, *ao*, opposé à l'angle aigu *m*, est plus petit que *am* opposé à l'angle droit *o* ;

donc la main appliquée au point *m* sera plus éloignée du point d'appui *a* que si elle était appliquée en *p'*.

111. La distance au point d'appui marque la *vitesse ;* par conséquent le point *p* (*fig.* 38) aura plus de vitesse que le point *r*. En voici la preuve : le levier *rap* ne peut se mouvoir sur son point d'appui *a*, sans que le poids ou la puissance *p* parcourt le grand arc *pn* ou *po*, dans le même temps que le poids ou la résistance *r* parcourt le petit arc *rs* ou *rc ;* donc le poids *p* a plus de vitesse que *r*.

Instrumens relatifs à chaque espèce de levier.

112. Les leviers sont fréquemment employés dans les Arts, dans les usages même les plus ordinaires de la vie.

Levier du premier genre.

1° La barre de fer ou *pince* dont on se sert pour soulever de lourds fardeaux, est un levier de la première espèce : les artilleurs l'emploient pour manœuvrer leurs canons pendant la bataille. C'est encore un des instrumens du maçon, du constructeur de vaisseau, du roulier, du charpentier, du marbrier, du carrier, du paveur, etc.

2° Les ciseaux communs, les pincettes, les tenailles, les mouchettes, etc., ne sont que des leviers du premier genre, assemblés par paires. L'effort de la main ou des doigts qui prennent les deux branches, doit être regardé comme la puissance ; le clou ou ce qui tient le milieu, est un point fixe commun aux deux, et ce que l'on coupe ou que l'on serre, n'est autre chose que la résistance. Aussi les ciseaux destinés à faire de grands efforts, comme sont ceux des chaudronniers, des ferblantiers, des jardiniers pour la taille des arbres, ont-ils les branches fort longues et les parties tranchantes assez courtes : par ce moyen, la puissance l'emporte facilement sur une résistance considérable.

3° Tout le mécanisme d'un moulin à café dépend aussi d'un levier de la première espèce. La main fixée au manche de la manivelle sert de puissance, le café que l'on moud sert de poids, et l'axe du cylindre perpendiculaire auquel est attachée la noix, sert de point d'appui. Comme il est évident que la main est plus éloignée de l'axe du cylindre que ne le sont les grains de café, on comprend pourquoi on a si peu de peine à le moudre.

4° Le mât d'un navire peut encore être regardé comme un levier du premier genre. Le vent, dont l'action se déploie contre les voiles, est la puissance ; la résistance est le navire lui-même, et le point d'appui devient le centre de flottaison qui soulève le vaisseau et se trouve conséquemment au-dessous du lest. On conçoit alors comment des voiles très-élevées tendent à faire pencher davantage le navire d'un côté, et pourquoi de telles voiles deviennent fort dangereuses sur des bateaux non pontés.

5° Les moulins à eau ne sont qu'un assemblage de leviers de la première espèce : la puissance est représentée par l'eau qui tombe sur l'extrémité des rayons de la grande roue ; le point d'appui est situé dans l'axe, c'est-à-dire dans toute la ligne qui se trouve précisément au milieu du cylindre auquel ces rayons sont attachés ; et ce qui sert de résistance, c'est la petite roue intérieure qui communique à la meule le mouvement qu'elle reçoit du cylindre.

Les moulins à vent tournent par les mêmes principes que les moulins à eau.

Levier du second genre.

113. On doit compter parmi les leviers du second genre,

1° Les rames avec lesquelles on fait avancer un vaisseau : l'eau sert de point d'appui, puisqu'on applique contre elle une des extrémités de la rame ; la main qui agit à l'autre extrémité est la puissance, et au milieu de la rame se trouve la résistance, c'est-à-dire le bateau que l'on presse pour accélérer sa marche.

2° Le couteau du boulanger, lorsqu'arrêté par un bout sur une table et tournant autour d'un point fixe, il est porté par la main qui tient le manche contre la résistance qu'on doit vaincre.

3° Les soufflets de forges ou d'appartemens. Il est aisé de reconnaître la puissance qui fait jouer le panneau autour d'une charnière de cuivre adaptée à son extrémité; mais il faut un instant de réflexion pour juger que la vraie résistance est cette masse d'air que contient la capacité du soufflet, et qui s'échappe plus ou moins vite par le bout du tuyau, à mesure qu'elle est comprimée.

4° La brouette commune. L'homme qui la pousse en la soutenant, diminue d'autant plus pour lui le poids total de la charge, que le centre de gravité de cette charge est plus rapproché de l'axe de la roue que de ses mains.

5° Une porte qu'on pousse en tenant d'une main la clef de la serrure. Il est vrai que les pentures roulent sur plusieurs gonds qui multiplient les centres de mouvemens, et que la résistance ou le poids de la porte n'est pas concentré en un seul point ; mais on peut toujours raisonner comme s'il n'y avait qu'un seul point d'appui situé à l'extrémité de la ligne horizontale qui divise la porte en deux parties égales, comme si toute la masse du corps était réunie au milieu de cette ligne. La puissance ne fait aucun effort pour mouvoir la résistance, parce que la porte est à peu près en équilibre avec elle-même. On n'a à vaincre, en la poussant, que son inertie, la résistance des frottemens et celle de l'air.

Levier du troisième genre.

114. Cette espèce de levier est celle qui présente le moins d'applications utiles à l'homme. On peut cependant citer les suivantes :

1° Une échelle appliquée contre un mur est un levier du troisième genre. Le mur doit être regardé comme la puissance qui la soutient, le poids de l'homme qui monte le long de l'échelle est la résistance, et l'extrémité de l'échelle qui repose sur le terrain est le point d'appui ; car si le mur venait à fléchir, le poids de l'échelle et le poids de l'homme réunis feraient tourner l'échelle autour de cette extrémité.

2° Les pinces communes qu'on nomme *badines*, sont de semblables leviers. Elles sont destinées à transporter de petits charbons qui sont la résistance. La main qui les fait agir est la puissance ; et le point d'appui se trouve à l'endroit où se joignent les deux leviers qui les composent.

Manière de tenir compte du poids du levier.

115. Le poids du levier, dont on a fait abstraction jusqu'ici, doit fixer l'attention du Physicien qui veut prouver par expérience la loi générale d'équilibre ; car la longueur d'un bras de levier étant double ou triple de celle de l'autre, son poids est double ou triple ; et cet excès de poids tournerait à l'avantage de la puissance ou de la résistance, si l'on ne prenait la précaution, avant de faire l'expérience, de mettre le levier en équilibre avec lui-même. Or, pour cela, il suffit de considérer le poids du levier comme une nouvelle force verticale, dont le point d'application est à son centre de gravité, et de la composer avec la *puissance* ou la *résistance* qui agit dans la même direction, c'est-à-dire, avec celle de ces deux forces que le poids du levier favorise.

Pression sur les points d'appui.

116. Dans l'équilibre du levier, le point fixe supporte une pression qu'il est utile de connaître, et qu'on détermine comme on l'a déjà expliqué (54) en parlant des pressions exercées sur un point. Ici, il faut seulement supposer que AB (*fig.* 11) est un levier, et P son point d'appui.

Balance.

117. La *balance* est un levier du premier genre, à bras égaux, qui sert à mettre en équilibre deux quantités égales de matière; de sorte que connaissant le poids de l'une, on sait combien pèse l'autre.

118. Cet instrument se compose d'un fléau *ab* (*fig.* 42), dont la longueur est partagée en deux parties égales par un axe *c;* de deux bassins ou plateaux F et G suspendus aux extrémités des bras du fléau; d'une chape *cd* qui sert d'appui à l'axe, où est le centre du mouvement; enfin une aiguille *ea*, adaptée au-dessus de l'axe entre les montans de la chape et perpendiculairement au fléau, indique les mouvemens des bassins quand elle s'incline à droite ou à gauche, et l'équilibre, dans le cas d'une position fixe suivant la direction de la chape qui est toujours verticale.

119. Pour que la balance soit *juste*, c'est-à-dire pour qu'elle n'établisse l'équilibre qu'entre des corps égaux en masse, il faut que les deux bras aient la même longueur, la même direction, qu'ils soient uniformément pesans, et que les deux plateaux et les cordes ou chaînettes qui les supportent aient le même poids. Quand ces conditions ont lieu, le poids de la machine est détruit par le point fixe.

S'il est difficile d'atteindre rigoureusement cette perfection, on peut toutefois en approcher jusqu'à ce que l'erreur devienne assez petite, par rapport aux corps que l'on pèse, pour qu'on puisse la négliger.

120. Une balance bien faite devant être très-mobile, il faut, dans sa construction, diminuer autant qu'il est possible le frottement, et conséquemment la pression au point d'appui. C'est pourquoi on fait très-léger le fléau des balances d'essai, où l'on a besoin d'une grande précision. C'est encore pour diminuer le frottement de l'axe qu'on donne à sa partie inférieure la forme de couteau. Cette pratique est bonne, mais elle exige que l'endroit du trou sur lequel l'axe porte soit comme lui fort dur, précaution sans laquelle il le creuserait avec le temps, ou il s'écraserait sur lui-même; ce qui nuirait à la mobilité de la balance.

Il faut aussi que le fléau soit suffisamment trempé, afin que la longueur de ses bras reste toujours la même dans le service de l'instrument; car s'il cédait sous l'effort du poids dont il est chargé, l'un des bras de la balance, ou les deux venant à fléchir inégalement sous le fardeau, l'un des poids se trouverait plus éloigné que l'autre du point d'appui, et conséquemment l'équilibre qu'on établirait n'indiquerait point l'égalité des masses.

Remarque. Il peut se faire qu'une balance, quoique fausse, paraisse bien construite, en se tenant en équilibre avec elle-même dans une direction horizontale; et cela dans le cas où l'un de ses deux bras serait plus court, mais aussi pesant que l'autre. Pour reconnaître si elle a ce défaut, il suffit de charger les plateaux de manière qu'il y ait équilibre, et de changer ensuite les masses d'un plateau dans l'autre: après ce changement, l'équilibre n'existera plus si la balance est mauvaise. Car, dans le premier cas, l'équilibre résultait de ce que le bras le plus court était chargé d'une plus grande masse; et quand cette plus grande masse sera passée du côté du bras le plus long, elle l'emportera sûrement sur l'autre qui est moindre et qui agit au moyen d'un levier plus court.

Procédé des doubles Pesées.

121. Lorsqu'on a besoin d'un grand degré de précision dans les pesées, on cherche les poids des corps par le procédé suivant, qui suppose seulement que la balance soit *très-mobile* sur son point d'appui.

Après avoir mis dans l'un des bassins *b* (*fig.* 43) des matières qui fassent équilibre au corps placé dans l'autre bassin *a*, on ôte le corps, et on met à sa place des poids connus, jusqu'à ce que l'équilibre soit rétabli. Il est clair que la somme de ces poids représente celui du corps, puisqu'elle fait équilibre à la même masse, dans les mêmes circonstances. C'est ce procédé, dû à Borda, qui a reçu la dénomination de *Méthode des doubles pesées.*

Remarque. Quand on a déterminé les poids de plusieurs corps, on peut facilement trouver les rapports de leurs masses; car, *les masses des corps sont proportionnelles à leurs poids.*

Romaine.

122. La *romaine* est une autre espèce de balance dont les bras sont inégaux (*fig.* 44): l'axe et la chape qui la soutient sont placés à une très-petite distance de l'extrémité du bras auquel on suspend le fardeau dont on veut connaître le poids; l'autre bras, qui est beaucoup plus long, est divisé en plusieurs parties égales. Ces divisions servent à déterminer l'effort respectif d'un poids *p* qu'on fait mouvoir sur la longueur de ce bras.

Remarque. La romaine n'est visiblement qu'un levier du premier genre, dans lequel le point d'appui est beaucoup plus proche de l'une des extrémités que de l'autre; d'où il résulte qu'un très-petit poids peut faire équilibre à une masse considérable, en éloignant à proportion le petit poids du point d'appui.

123. La romaine est d'un usage commode et a plusieurs avantages sur la balance ordinaire. D'abord on peut avec elle peser différentes masses au moyen d'un seul poids, tandis qu'en se servant de la balance commune, il faut autant de poids divers qu'on a de masses différentes à peser. D'un autre côté, on fait avec la romaine des pesées plus exactes, lorsqu'il s'agit de gros fardeaux; car les frottemens dans cette machine augmentent en raison des charges : d'où il suit que si on emploie une balance ordinaire pour peser de lourds fardeaux, son axe étant chargé et du poids du fardeau et de son contre-poids, elle en deviendra proportionnellement moins mobile.

Par exemple, si l'on met dans un des bassins d'une balance ordinaire, un poids de 100 kilogrammes, il faut, pour établir l'équilibre, charger l'autre bassin d'un ballot de 100 kilogrammes, et conséquemment l'axe se trouve chargé d'un poids de 200 kilogrammes. Il n'en est pas ainsi lorsqu'on emploie la romaine : un ballot de 100 kilogrammes suspendu à l'extrémité du bras le plus court, fait équilibre avec un poids de 1 kilogramme placé à une distance du point d'appui 100 fois plus grande; et dans cette supposition, l'axe de la romaine ne se trouve chargé que de 101 kilogrammes.

Remarque. Il est bon de faire observer cependant que la romaine ne peut servir à peser exactement de petits volumes, parce qu'elle n'est pas assez mobile, défaut qui provient surtout de ce que l'un de ses bras est fort court.

Du Peson.

124. Le *peson* se compose d'un fléau *acb* (*fig.* 45) à aiguille renversée, portant un plateau à son extrémité *b*, le tout en équilibre et mobile au point fixe *c*; en sorte que le poids de l'appareil se trouve réuni à son centre de gravité G, et y détermine une force verticale. Par cette disposition, on conçoit que quand le plateau descendra, l'aiguille quittera sa position verticale pour s'élever et parcourir les diverses divisions d'un quart de cercle *nr* *, adapté convenablement au support. Et comme à mesure que le fléau s'incline, la force supposée au centre de gravité agit avec un bras de levier qui devient plus avantageux, tandis que c'est le contraire qui arrive pour le plateau, il s'ensuit qu'un poids quelconque mis dans le bassin se trouvera toujours équilibré.

---

* On détermine par expérience les divisions tracées sur le quart de cercle, en chargeant successivement le plateau de différens poids connus. Quand ces divisions répondent à des poids égaux, elles sont d'autant plus serrées qu'elles sont tracées plus haut sur l'arc; parce qu'un poids d'une livre dans le bassin qui fait d'abord marcher l'aiguille d'une grande quantité, ne l'entraîne plus ensuite que d'une quantité qui diminue toujours.

L'usage de cette espèce de balance est surtout répandu dans les filatures de coton, où il sert à déterminer le degré de finesse des fils.

125. Il existe encore un *peson* plus communément employé dans le commerce, qu'on appelle *peson à ressort*.

Il consiste en un ressort ABC (*fig.* 46), coudé en B, aux extrémités duquel sont soudés deux arcs DF et CF', assujétis à se mouvoir en sens inverse dans des ouvertures pratiquées aux branches en F et F'; un anneau *a* destiné à soutenir l'instrument à la main, est rivé à la partie supérieure du premier arc gradué CF'; un crochet *c* termine la partie inférieure du second. Le corps à peser étant suspendu au crochet, il est clair qu'il fera fléchir le ressort en amenant la branche BA sur une division de l'arc qui indiquera son poids.

On sent que cet instrument pourra donner toutes les pesées jusqu'à un poids déterminé qui est toujours relatif à la force du ressort, et afin que l'élasticité de celui-ci ne vienne pas à se détruire par l'application d'un poids trop fort, on a limité la flexion au moyen d'un arrêt *a* placé au-dessous de la dernière division.

Balance à Bascule.

126. La *balance à bascule* ou *balance portative*, beaucoup plus compliquée que les autres, est d'un usage très-commode dans les bureaux des douanes, des maisons de roulage, des directions de diligences, et pour tout le Commerce en général. Voici sa description :

Sur un support vertical *ab* (*fig.* 47), repose en *a* un fléau *cde;* à l'extrémité *c* est suspendu un plateau pour recevoir les poids ; de l'autre côté du point *a* sont deux tiges verticales *dg*, *eh;* cette dernière supporte en *h* le bout d'une verge *hi* qui s'appuie en *i* sur un couteau fixe supportant en *k* une autre verge *gk*, qui s'appuie elle-même en *g* sur la tige *dg*. C'est sur *gk* que repose la *plate-forme* ou le *pont* sur lequel on place le corps à peser. Le contact des pièces aux points *a*, *c*, *d*, *e*, *g*, *h*, *i*, *k*, a lieu au moyen de couteaux; ce qui rend le système très-mobile.

La construction de cet instrument est telle, que la verge *gk* et la plate-forme qu'elle supporte restent toujours horizontales dans leur mouvement, que le poids qu'on met dans le plateau *f* est constamment le *dixième* de celui qu'on place sur la plate-forme *gk*, enfin que le poids du fardeau est indépendant du lieu qu'il occupe sur la plate-forme.

Son usage.

127. La figure 48 représente le dessin complet de cette ingénieuse

balance : A et B sont deux clefs qui servent à arrêter le mouvement du fléau et celui de la plate-forme. Lorsqu'on veut l'employer on établit d'abord horizontalement le châssis qui supporte la plate-forme, en le posant sur le sol, ou mieux dans une cavité préparée d'avance, et telle que le dessus de la plate-forme se trouve au niveau du sol. Cela fait, on ôte les clefs A et B; on équilibre l'instrument avec des grains de plomb que l'on jette dans la coupe *c* fixée au-dessus du plateau; enfin, on place sur ce plateau et sur la plate-forme D, des poids dont l'un soit *décuple* de l'autre, et l'on vérifie si ces poids se font équilibre quel que soit le lieu occupé sur la plate-forme par celui qui s'y trouve. Si la balance satisfait à ces essais, elle est exacte et on peut s'en servir avec confiance pour toutes les pesées qui n'excèdent pas sa force.

C'est une balance à bascule de grandes dimensions qu'on a établie à l'entrée de chaque ville pour peser la charge des diligences, des voitures de roulage et autres.

TROISIÈME SECTION.

Des Poulies.

LEÇON IVe.

Poulie. — Poulie de Renvoi. — Poulies mobiles. — Moufles.

Poulie.

128. La *poulie* est une roue circulaire de bois ou de métal, creusée en gorge à sa circonférence et mobile sur un axe qui est soutenu par une chape (*fig.* 49).

129. On considère deux sortes de poulies, la *poulie fixe* ou *de renvoi*, et la *poulie mobile*. La première (*fig.* 49) ne peut tourner que sur son axe, la chape étant arrêtée invariablement; la seconde (*fig.* 50), au contraire, se meut en même temps dans l'espace et autour de son axe.

Poulie fixe.

130. Supposons qu'une corde flexible *abcd* (*fig.* 49) soit passée dans la gorge de la poulie et embrasse une partie de sa circonférence;

appliquons à l'extrémité *a* la puissance P, et la résistance R à l'extrémité *d*. Les forces agiront suivant les tangentes, et il est visible que l'équilibre ne pourra être établi que dans le cas de l'égalité de la puissance et de la résistance, ou de $P = R$. La résultante des deux forces passe par le centre de la poulie et se trouve détruite par la résistance de l'axe. De plus, si les forces P et R sont parallèles, cet axe supporte un effort égal à leur somme. Il n'en est pas ainsi quand elles sont obliques, parce que la charge au point d'appui est moindre que celle de la somme $P+R$ de ces deux puissances; cependant pour être en équilibre elles doivent toujours être égales.

Poulie de Renvoi.

151. La poulie fixe offre le moyen de changer la direction d'une force, en la faisant agir dans un sens différent à celui de la résistance, et sans altérer son intensité; c'est alors qu'elle prend le nom de *poulie de renvoi :*

Ainsi, à l'aide d'une poulie de renvoi A (*fig.* 51), une force agissant en F, pourra élever un poids *r* fixé à l'autre bout *b* du cordon *anb* passant sur la poulie fixe R.

132. L'avantage que procurent les poulies de renvoi est précieux dans différentes circonstances.

Par exemple, supposons que plusieurs hommes veuillent élever à une grande hauteur une masse *m* (*fig.* 51) fixée à l'extrémité *a* d'une corde *acb*, en tirant cette corde de haut en bas par l'autre extrémité *b*. Si la corde vient à se rompre, les ouvriers qui se trouveront sous la masse seront dans un danger imminent. Mais si, par le moyen d'une poulie de renvoi R, on change la direction verticale en horizontale *bh*, et que les travailleurs tirent en *h*, ce qui ne diminuera pas leur force, alors ils n'auront plus rien à craindre de la rupture de la corde.

153. Un autre avantage plus important qui résulte du système de ces deux poulies fixes, est celui-ci: *Que si une puissance a plus de force dans une direction que dans une autre, on peut la faire agir suivant celle qui la favorise.*

Ainsi, dans la construction des édifices élevés qui exigent souvent que l'on transporte en quelques minutes des matériaux très-pesans à une hauteur considérable, on a ordinairement recours à ce système: On attelle un cheval à l'extrémité *h* de la corde (on suppose la poulie R fixée à une hauteur convenable du sol par rapport au cheval), puis on le fait marcher devant lui sur un terrain de niveau; son action se transmet à la charge *m* qui s'élève comme si le cheval eût pu transporter le poids avec la même vitesse en grimpant le long d'un mur vertical.

Poulies mobiles.

134. Dans la poulie mobile (*fig.* 50), la corde est attachée par une extrémité à un obstacle invincible F; à l'autre extrémité est appliquée la puissance P; enfin le poids à soulever est suspendu à l'extrémité H de la chape. Le point F supporte une pression égale à la force P, appliquée à l'autre extrémité. L'équilibre sera établi si la résistance est égale à la résultante de deux forces égales à P. Si les deux forces sont parallèles, $R=2P$; c'est le cas le plus favorable à la puissance.

Moufles.

135. On appelle *moufle* un assemblage de plusieurs poulies dont les unes sont fixes et les autres mobiles. La figure 52 représente la combinaison la plus avantageuse à la puissance. Toutes les poulies, à l'exception de la poulie A, où est appliquée la puissance, sont libres.

Souvent on donne une disposition différente (*fig.* 53); et généralement la forme des moufles dépend de l'usage auquel on les destine.

Le calcul montre que, pour l'équilibre, dans le cas de la première disposition (*fig.* 52), la puissance doit être égale à la résistance divisée par 2^n, l'exposant n indiquant le nombre des poulies mobiles; de sorte qu'avec une force P, on fait équilibre à une résistance R exprimée par $P\times 2^3$, ou 8P, puisque $n=3$.

Dans la figure 53, les trois poulies supérieures sont fixes, les trois inférieures sont mobiles, on a $P=\frac{R}{2n}=\frac{R}{6}$ ou $R=6P$, puisque $n=3$.

Usage des Poulies.

136. L'usage principal des poulies est d'élever ou descendre de très-grands poids, des masses énormes, des fardeaux considerables, au moyen d'une force la plus petite possible.

On se sert des poulies fixes pour puiser de l'eau dans les puits profonds, enlever les pierres des carrières, les terres qui encombrent les constructions souterraines, les matières tirées des mines, etc.

Au moyen de ces mêmes poulies, le matelot peut, sans quitter le pont de son navire, hisser une voile ou un signal à l'extrémité du grand mât. Là encore, s'il s'agit de descendre l'ancre, de hisser une voile, la poulie vient faciliter toutes les manœuvres, et permet ainsi à un petit nombre d'hommes de faire tout le service du navire.

REMARQUE. Quoique la poulie *fixe* ne présente aucun avantage mécanique, puisque la résistance se meut précisément comme la puissance, il est un cas cependant où elle peut paraître favoriser la puissance. C'est celui où l'un des bouts de la corde est attaché au corps d'un homme dont les mains saisissent l'autre bout (pour plus de sécurité ce dernier devrait aussi passer autour de son corps); il se supporte alors par l'action musculaire de ses bras, et parvient facilement à se soulever jusqu'à la hauteur où la poulie est fixée : de sorte qu'il peut ainsi se laisser descendre au fond d'un puits ou du sommet d'un roc, avec la certitude de remonter sans l'assistance de qui que ce soit.

Une machine aussi simple serait, dans bien des circonstances, d'une utilité inappréciable. Avec quelle facilité, par exemple, on parviendrait à descendre ainsi de certaines parties de bâtimens incendiés, où il est quelquefois impossible d'appliquer des échelles.

Une poulie semblable serait encore fort commode pour prendre des bains de mer, sans l'assistance de personne, lorsqu'on est à bord d'un navire; on la fixerait alors à une des fenêtres de la poupe. (Arnott.)

137. Lorsqu'on fait usage de la poulie ou des moufles, il est nécessaire d'avoir égard au poids des cordes, à leur raideur et au frottement que les différentes parties de la machine exercent les unes sur les autres.

QUATRIÈME SECTION.

Du Treuil et des Roues dentées.

LEÇON Ve.

Treuil. — Cabestan. — Manivelles. — Roues à augets et à palettes. — Roues à cliquet. — Fusées. — Treuils composés. — Grues. — Chèvres. — Roues dentées. — Cric. — Dents de chasse. — Échappement à balancier. — Mécanisme des montres et des horloges.

Du Treuil.

138. Le *Treuil* est une grande roue CB (*fig.* 54), faisant corps avec un cylindre T aux bases duquel se trouvent solidement adaptés deux bouts d'essieu a, a', qui prennent le nom de *tourillons* et reposent sur deux appuis invariables F, H; le cylindre, en tournant

sur ses tourillons, est absolument dans le même cas que s'il se mouvait autour de son axe considéré comme une ligne fixe.

La résistance R que l'on se propose de vaincre, ou le poids que l'on veut élever, est appliquée à une corde qui s'enroule autour du cylindre, tandis qu'une puissance P le fait tourner, en agissant par une corde CP tangentiellement à la roue CB perpendiculaire à l'axe du cylindre.

139. Les conditions d'équilibre dans cette machine, se déduisent d'un principe de Statique qui enseigne que, *pour équilibrer un Treuil*, il faut *que la puissance soit à la résistance, comme le rayon du cylindre est au rayon de la roue* *.

140. D'après cette règle, il est visible que la construction du treuil est d'autant plus favorable à la puissance, que le diamètre du cylindre est plus petit, et que le diamètre de la roue est plus grand.

141. Si donc une puissance qui agit au moyen de cette machine, perd à chaque instant une partie de ses forces, tandis que la résistance qu'elle doit vaincre reste constamment la même, il faut que le tour auquel cette puissance est appliquée, soit fait de manière que sa roue ait un diamètre très-petit au commencement de l'action, et que ce diamètre augmente toujours dans le même rapport que les forces de la puissance diminuent.

Usage du Treuil.

142. On se sert du treuil dans beaucoup de travaux de l'industrie. En Angleterre, on l'utilise jusque dans les grands magasins du Commerce, dont les façades présentent des files verticales de portes-fenêtres; au-dessus du sommier de la fenêtre la plus élevée, se trouve une poulie fixe, ou du moins fixée à une potence qu'on peut à volonté rendre saillante, ou rabattre contre le mur. Quand on veut monter ou descendre des marchandises, on les attache à l'extrémité d'une corde qui passe sur la poulie fixe et vient dans le magasin s'enrouler sur l'arbre d'un treuil, qu'on met en mouvement par une roue.

En substituant à la roue un tambour creux, on construit des treuils dans l'intérieur desquels on fait marcher des hommes ou des animaux, qui, par leur propre poids sur le tambour, font lever le fardeau qui est suspendu au cylindre ou essieu. Ici, à mesure que l'animal monte dans le tambour, sa force relative augmente, parce

---

* Il est utile d'observer ici que pour estimer la grandeur des rayons du cylindre et de la roue, on doit ajouter à chacun le diamètre de la corde.

que sa pesanteur étant la même, sa distance au point d'appui croît de plus en plus.

Cabestan.

143. On appelle *cabestan*, un cylindre vertical *ab* (*fig.* 55), pouvant tourner sur lui-même au moyen de barres qu'on introduit dans la partie supérieure ou *tête* du cabestan, qui surmonte ordinairement le pivot, et auxquelles on applique la puissance.

144. Le principe de l'équilibre de cette machine est encore que *la puissance doit être à la résistance, comme le rayon du cylindre est à la partie de la barre comprise entre le centre de l'axe et le point où la force se trouve appliquée.*

145. La forme du cabestan est beaucoup plus avantageuse que celle qu'on donne au treuil. En effet, dans le cabestan, la puissance peut toujours agir perpendiculairement à son bras de levier; de plus, rien n'empêche d'y appliquer un grand nombre d'hommes à la fois.

Usage du Cabestan.

146. Cette machine est fréquemment employée dans les travaux civils pour traîner horizontalement des masses considérables. Dans ce cas, on les fait glisser sur des cylindres en bois ou en fer; quelquefois sur des roulettes, ou bien sur des sphères qui courent dans des rainures creuses. On a mis ce dernier moyen en pratique pour transporter l'énorme bloc de granit sur lequel est érigée la statue de Pierre Ier, à Saint-Pétersbourg.

Dans l'état militaire, on se sert aussi du cabestan; mais c'est surtout à bord des vaisseaux qu'on en fait un important usage pour lever l'ancre et exécuter des manœuvres qui exigent une grande force.

Manivelles.

147. La *manivelle* est un levier ordinairement coudé, qui présente une poignée où la main de l'homme s'applique comme puissance (*fig.* 56).

148. Souvent à la roue d'un treuil, on substitue la manivelle qu'on fixe à l'axe du cylindre, comme l'indique la figure 54.

C'est au moyen d'une manivelle que tourne la meule à aiguiser; elle donne le mouvement au tour du cordier. Une clef de montre n'est elle-même qu'une manivelle.

149. La manivelle peut être considérée comme une roue; or, il est évident que la main de celui qui la fait mouvoir décrit un

cercle dans l'espace, et que le résultat est absolument le même, que cette roue soit pleine ou qu'elle ne le soit pas.

Roues à Augets et à Palettes.

150. L'eau communique le mouvement à diverses machines, tantôt par son poids, tantôt par sa vitesse acquise, d'autres fois par ces deux impulsions réunies. Les *roues* mues par ce puissant moteur sont appelées *roues hydrauliques*, parmi lesquelles nous avons à considérer les *roues à augets* et *à palettes.*

Roues à augets.

151. Les *Roues à augets* se distinguent en deux espèces : celles de la première, dites roues *en-dessus*, ont des augets *a*, *a*, *a* (*fig.* 57), qui reçoivent l'eau d'un réservoir par un conduit *c* placé au-dessus d'elles. Les autres (*fig.* 58) reçoivent l'eau de côté dans leurs augets, d'un canal situé au-dessous du centre de ces roues, et elles participent en même temps à la vitesse du courant ; on les nomme *roues de côté.*

152. Dans les *roues à augets* de la première sorte, l'eau est simplement versée sans impulsion dans les augets d'un côté; ce qui rompt l'équilibre et détermine la rotation. Ce sont les roues les plus puissantes; elles ont de très-grandes dimensions. Tourner lentement, est une condition de leurs bons effets. Elles exigent une chute d'eau élevée, parce qu'il faut que la différence de niveau entre le canal d'*arrivée* et le canal de la *fuite*, soit égale à leur diamètre.

On emploie ces roues dans les forges pour les machines soufflantes, pour les martinets, et pour les mouvemens dont on a besoin dans les ateliers.

153. Dans les *roues de côté,* le mouvement a lieu par l'impulsion simultanée que produisent le poids de l'eau et le choc de sa vitesse acquise dans le trajet ; le principal avantage qui en résulte, est une grande vitesse de rotation. On peut aussi, avec ces roues, mettre à profit le moindre filet d'eau, chose précieuse dans les endroits où la nature en est avare.

Les roues de côté sont communément employées dans la construction des moulins.

Roues à Palettes.

154. Les *roues à palettes*, à *ailes* ou à *aubes*, dites aussi roues *en dessous* (*fig.* 59), sont mues par des courans dans lesquels leurs palettes plongent en partie. Ici, l'eau agit contre les palettes, par sa

vitesse et non par son poids; le choc qu'elles reçoivent ainsi, toujours en dessous de la roue, est d'autant plus violent que le courant est plus rapide. Souvent on dévie un cours d'eau par un canal en pente, appelé *coursier*, qui arrive jusqu'au bas de la roue et la fait mouvoir.

155. Tout le mérite de ces roues se réduit à la simplicité de leur construction, et à la facilité qu'on a de les établir sans chute d'eau.

On les fait servir aux moulins portés sur des bateaux, et stationnés sur les rivières; elles se fixent encore de chaque côté d'une barque, destinée à voguer suivant le fil de l'eau.

156. Pour les roues posées sur des canaux qui ont peu de pente, et dans lesquels l'eau peut s'échapper librement après le choc, il convient de diriger les palettes vers le centre. Au contraire, quand les coursiers ont beaucoup de pente, les palettes doivent être inclinées d'une certaine quantité par rapport au rayon, tant pour être frappées plus perpendiculairement que pour recevoir une augmentation de force du poids de l'eau. Il y a toutefois une certaine obliquité qu'il ne faut point dépasser, parce qu'alors on perdrait plus par la diminution du choc, qu'on ne gagnerait par le poids du liquide qui glisse sur les palettes et qui les presse.

Roues à cliquet.

157. On appelle *roue à cliquet*, une roue à dents pointues et inclinées dans le même sens (*fig.* 60) : elle ne peut tourner que d'un seul côté et jamais revenir sur elle-même; un bras de levier ou *cliquet C*, mobile sur un axe *a*, est continuellement poussé par son poids ou par un ressort *r* dans les dents de cette roue, et l'empêche ainsi de rétrograder.

On fait usage de *roues à cliquet* non-seulement dans les montres et les pendules, mais aussi dans beaucoup d'autres machines composées.

Fusées.

158. La *fusée* est une roue conique (*fig.* 61) dont la surface convexe est recouverte d'une rampe spirale en plan incliné. C'est une pièce utile qui fait partie essentielle de toutes les montres communes; par sa forme, elle remédie aux inégalités de la force du ressort qui étant plus tendu lorsqu'on vient de remonter la montre que quand elle est sur le point de s'arrêter, la ferait avancer ou retarder dans l'un ou l'autre cas. On expliquera plus loin comment la fusée se meut et transmet son action au rouage.

159. On substitue quelquefois une fusée de ce genre, mais très-allongée dans le sens de son axe, au cylindre d'un treuil, pour élever l'eau des puits dont la profondeur est considérable : lorsque le seau est au fond, celui qui tourne la manivelle a une grande résistance à vaincre, causée par le poids de la corde qui s'ajoute à celui du seau et du liquide; il y a donc avantage pour lui à ce que cette corde s'enroule d'abord sur un petit diamètre, comparativement à celui du cercle qu'il décrit; puis, comme la longueur de la corde diminue à mesure que le seau s'élève, il lui est permis alors d'employer un diamètre plus grand; il n'y aura plus d'inconvénient à ce que la corde s'enroule sur le gros bout de la fusée.

Treuils composés.

160. On nomme ainsi tout système de machine composée dans lequel le Treuil entre comme pièce principale. Telles sont les Grues, les Chèvres, etc.

Grues.

161. La *Grue* est une machine (*fig.* 62) formée d'une potence qui tourne sur un axe vertical. Le bout supérieur de cette potence porte le rouet d'une poulie fixe; l'autre porte l'arbre d'un treuil, qu'on met en mouvement avec des barres ou des tambours. Cet instrument remplit un double office: celui de monter ou de descendre un fardeau, et celui de le poser dans un endroit qui n'est pas sur la verticale correspondante à sa position primitive.

Leur usage.

162. Lorsqu'il s'agit de décharger des navires, et de mettre à quai les marchandises qui composent leur cargaison, on établit des grues sur le bord des quais près desquels accostent les bâtimens ; on fait tourner la potence de chaque grue jusqu'au point où le rouet fixé au bras supérieur de la potence, se trouve à l'aplomb du pont du navire qu'on veut décharger. On attache la marchandise au bout d'une corde qui passe sur la poulie fixe et vient s'enrouler sur le cylindre du treuil. Ensuite, on fait agir la puissance destinée à mouvoir ce treuil dans le sens nécessaire pour élever le fardeau. Quand le fardeau se trouve élevé à la hauteur convenable, on cesse de faire tourner le treuil ; on fait, au contraire, tourner la potence sur son arbre, jusqu'au point où le fardeau qu'elle suspend arrive à l'aplomb du quai. Alors on fait céder la puissance à la résistance; et le ballot descend par l'effet de son poids jusqu'à ce qu'il vienne

se poser immédiatement sur le quai, ou sur un chariot qu'on a conduit à l'aplomb du fardeau (Dupin).

Chèvres.

163. La *chèvre* est composée de deux montans AB, AC (*fig.* 63), appelés *bras*, qui sont réunis en triangle par une traverse BC, et joints par le haut au moyen d'un boulon de fer à clavette. Entre ces deux bras est placé un arbre ou treuil DE, mobile sur son axe, dont les extrémités entrent dans les bras, ou s'appuient sur deux pièces parallèles posées verticalement. Un troisième montant AH, auquel on donne le nom de *bicoq* et qui peut s'ôter à volonté, s'adapte à la partie supérieure des deux bras par une cheville et sert à les soutenir. Enfin, au sommet A de la machine se trouve une poulie P, suspendue avec une clavette, et sur laquelle passe une corde KPN, qui d'une part K enveloppe le treuil DE, et de l'autre N est attachée au fardeau F à enlever.

Remarque. Quand le lieu ou quelque autre cause empêche de faire usage du bicoq, on le démonte et on y substitue un câble pour soutenir les bras un peu inclinés du côté du fardeau qu'on veut élever; le câble doit embrasser fortement l'extrémité supérieure A, en même temps qu'être fixé à quelque objet solide et capable de résister au poids du fardeau.

Usage de la Chèvre.

164. La chèvre est souvent employée par les maçons, les charpentiers, et généralement par tous les ouvriers qui ont des masses pesantes à élever, mais surtout dans les manœuvres de force de l'artillerie.

Lorsqu'il s'agit d'élever un fardeau, on pose la chèvre de manière que l'objet se trouve entre les trois montans de la machine; le cordage passé dans le rouet fixe, sert par un bout à saisir le fardeau, l'autre bout vient s'enrouler sur l'arbre du treuil que l'on met en mouvement par le moyen de leviers qu'on peut introduire et enlever à volonté.

Remarque. La *chèvre* dont les carrossiers se servent pour soulever les voitures (*fig.* 64), est un assemblage de deux leviers : *ab* est un levier du second genre qu'on engage sous l'essieu; les pieds *pr*, *p'r*, étant redressés, on abaisse l'autre levier *arc* contre les traverses. L'extrémité *a* se trouve alors soulevée, ainsi que la voiture dont l'essieu pose sur un des crans.

Roues dentées.

165. Ces *roues* prennent leur nom des parties saillantes ou *dents* d, d, d (*fig.* 65), qu'on réserve ou ajoute à leur circonférence;

elles tournent toujours dans le même lieu sur un axe solidement fixé à leur centre, et dont les pivots tournent dans des trous qui leur servent d'appui.

166. Les roues dentées sont considérées comme des leviers du premier genre; on les emploie pour égaler l'action de puissances différentes, transmettre le mouvement au loin ou en changer la direction, et pour faire varier la vitesse de l'une ou l'autre des puissances.

1° Les dents A, B, de la roue AB (*fig.* 65), étant prises pour les extrémités d'un levier partagé en deux bras égaux par le poids fixe ou le centre de mouvement C; si l'on suppose fixée sur le même axe une autre roue *r* d'un diamètre *ab* moitié moindre, il est évident que celle des deux puissances qui agira par la dent *a*, se trouvant une fois plus près du centre que l'autre, sera aussi une fois plus faible que cette dernière. Par conséquent, une force de 30 kilogrammes, appliquée en *a*, fera équilibre à celle de 60 kilogrammes agissant en A.

2° Le même effet serait encore produit, si la petite roue *r*, au lieu d'être immédiatement appuyée sur la grande, se trouvait placée à l'autre bout de l'axe prolongé; de cette manière, le mouvement de la grande roue R (*fig.* 66) peut se transmettre à un point fort éloigné par la petite roue *r*, qui tient au même axe.

3° Enfin, si cette roue *r* engrène une autre roue *r'*, qui ait des dents parallèles à son axe, le mouvement qui lui sera transmis changera de direction et deviendra horizontal, de vertical qu'il était.

La petite roue *r* dans l'une ou l'autre position, se nomme *pignon*.

167. Dans un système quelconque de roues dentées à pignon (*fig.* 67), on a cette relation : *La puissance* P *appliquée en* A, *est à la résistance* R, *fixée au pignon* S, *comme le produit* $r \times r' \times r''$ *des rayons des pignons est au produit* $R \times R' \times R''$ *des rayons des roues.*

168. Les roues dentées ont quelquefois une forme conique; alors elles servent à tranformer les mouvemens. Par exemple, au moyen de roues coniques dentées, un mouvement vertical peut donner lieu en même temps à un triple mouvement vertical, oblique et horizontal, en faisant bien engrener entre elles, comme l'indique la *fig.* 68, trois roues R, R', R'', placées respectivement dans ces diverses positions.

Cric.

169. Le *cric* (*fig.* 69) se compose d'une barre de fer, dentée

d'un côté, et mobile dans une châsse, où elle peut monter et descendre; les dents de la barre s'engrènent avec celles d'un pignon qu'on fait tourner sur son axe au moyen d'une manivelle. Les dents du pignon soulèvent la barre, et font, par conséquent, monter le poids placé sur la tête du cric. Ici, la puissance a beaucoup d'avantage, attendu qu'elle a le rayon de la manivelle pour bras de levier, tandis que celui de la résistance est le rayon du pignon, d'une longueur bien moindre.

Pour augmenter encore la force du cric, on fait engrener les dents du pignon avec celles d'une roue, et les dents du pignon de cette roue avec celles de la barre; alors on a un *cric composé* (*fig.* 70).

Usage du Cric.

170. Cette machine est fréquemment employée, parce qu'avec une petite force, on peut faire mouvoir, enlever et soutenir des masses très-considérables.

Beaucoup d'ouvriers, entre autres les maçons, les charpentiers, les charrons, les carrossiers, s'en servent dans une foule d'occasions. On voit tous les jours encore les rouliers et les cochers des diligences, soutenir seuls leurs voitures, qui pèsent quelquefois plus de 10000 kilogrammes, à l'aide d'un cric composé, pour graisser leurs roues ou en changer.

Dents de Chasse.

171. On nomme ainsi les dents de certaines roues auxiliaires employées dans les engrenages, comme celles des roues à cliquet, par exemple, parce que leur fonction est de pousser ou chasser devant elles tout obstacle qui tend à arrêter leur mouvement.

Echappement à balancier.

172. L'*échappement* est une espèce d'ancre *acr* (*fig.* 71), dont les *dents* ou *palettes a*, *r*, arrêtent celle d'une roue de rencontre **R**; cette roue ou *rochet**, faisant lever *a* et descendre *b* alternativement, communique ainsi à l'échappement un mouvement qu'il transmet lui-même au *pendule* ou *balancier* qui devient par là le *régulateur* de la marche de tout le rouage auquel il se trouve appliqué.

Comme c'est à l'axe *c* de l'échappement qu'on adapte ordinairement le *balancier*, il a reçu le nom d'*échappement à balancier*.

---

* En horlogerie, on l'appelle *rochet d'échappement*.

173. Indépendamment de l'échappement à *ancre*, il en existe encore deux autres; l'un dit *à recul*, le second *à repos*. Cette pièce rend à l'horlogerie un très-grand service.

Les horlogers appellent encore échappemens les petites pièces ajustées sur les tiges des marteaux d'une montre à répétition, et qui servent comme de leviers à la pièce des *quarts* pour les faire sonner.

Mécanisme des Montres et des Horloges.

174. Les horloges, machines destinées à mesurer le temps, se distinguent en *horloges portatives* appelées *montres*, en *horloges pendules* ou *de cheminées* et en *horloges de clochers*. Nous ne donnerons ici qu'une idée très-succincte de chacun de ces instrumens si précieux à la société.

175. D'après Ferdinand Berthoud, le mécanisme d'une horloge, à quelque usage elle doive être appliquée, est composé de plusieurs parties également importantes, et qui, par leur correspondance, assurent la mesure exacte du temps. Ce sont 1° le régulateur; 2° l'échappement; 3° le rouage; 4° le moteur; 5° l'encliquetage ou moyen de remontage du moteur; 6° le cadran et les aiguilles qui marquent le temps dont l'horloge donne la mesure.

Mais celle de ces parties qui l'emporte sur toutes les autres, c'est le *régulateur;* il est le véritable instrument de la mesure du temps; c'est lui qui, par ses oscillations, par ses pas égaux et précipités, divise le temps. Le régulateur, par les fonctions de l'échappement avec lequel il est lié, règle la vitesse des roues, dont l'office est de compter les pas du régulateur; et, par un double effet de l'échappement, ces mêmes roues, en vertu de leur action sur lui, transmettent au régulateur la force du moteur, afin d'entretenir son mouvement oscillatoire, que les frottemens et la résistance de l'air tendent à détruire.

176. Cela posé, dans les *montres ordinaires*, dites à *roue de rencontre* *, le moteur est un ressort spiral enroulé autour de l'axe du balancier **, et enfermé dans un *barillet* ou *tambour*. L'action

* Les autres, dites *à répétition*, *de marine*, celles très-plates *à la Lépine*, les *chronomètres*, etc., ne pouvant être comprises dans ces Notions.

** Ici, le *balancier* est un anneau circulaire, dont la circonférence également pesante est concentrique à un axe portant deux points sur lesquels cet anneau peut tourner librement; il doit donc, par sa nature, rester en équilibre sur lui-même, quelle que soit sa position; et il doit de même conserver son mouvement dans les diverses positions qu'on peut lui donner.

de ce ressort, diminuant à mesure qu'il se détend, tandis que la résistance des roues reste constamment la même, on le fait agir sur une fusée BFE (*fig*. 72) assujétie à tourner autour de l'axe BA; au point E est une roue dentée, roue de rencontre qui communique le mouvement à tout le rouage. La fusée est enveloppée d'une petite *chaîne* d'acier, de manière que l'action du ressort S qui vient d'être tendu est la plus grande possible. La chaîne tire alors à la partie supérieure de la fusée, et conséquemment à une très-petite distance du point d'appui. A mesure que le ressort se détend et que son action diminue, la chaîne descend vers la partie inférieure de la fusée, et agit à une distance du point d'appui, qui augmente progressivement dans le même rapport que l'action du ressort devient moindre; ce qui fait que tout le rouage marche d'un mouvement uniforme.

177. Les *horloges pendules* ou *Pendules de cheminée,* sont le plus souvent à deux rouages, dont un est destiné à la sonnerie; elles sont ou à pendule ou à balancier long; c'est la hauteur de la boîte dans laquelle est renfermée le mécanisme qui détermine la longueur du pendule, et par la même raison le nombre de vibrations que l'horloge doit battre par heure.

Ces pendules sont à ressort et vont quinze jours sans être remontées. La sonnerie est animée pareillement par un ressort renfermé dans un barillet dont la roue a 84 dents. Cette roue engrène dans un pignon de 12 dents, porté par la seconde roue qui en a 72; l'arbre de celle-ci porte sur la petite platine, et à quarré, la *roue de compte* ou *chaperon* qui a douze entailles inégales pour fixer le nombre de coups que doit frapper le marteau, relatifs à l'heure marquée sur le cadran. La deuxième roue de 72 dents engrène dans un pignon de 8 de la troisième roue de 60 dents qu'on nomme *roue de chevilles.* Elle porte 10 chevilles également espacées, destinées à lever le marteau. La roue qui suit se nomme *roue d'étoteau;* elle a 64 dents; elle fait un tour à chaque coup de marteau, et porte une seule cheville pour arrêter la sonnerie. Celle-ci, ayant un pignon de 6, engrène dans un pignon, aussi de 6, qui porte la roue suivante de 48 dents, dite *roue de délai.* Enfin, cette dernière engrène dans un pignon de 6, auquel le volant est adapté.

178. Maintenant, il reste à expliquer le mécanisme des *horloges de clocher*.

Une telle horloge est formée de même que celles qu'on a précédemment décrites, par la réunion de plusieurs roues qui s'engrènent les unes dans les autres; les nombres de dents de ces roues sont dans les rapports qui existent entre les divisions adoptées pour la mesure du temps. Ces roues sont tellement disposées qu'on ne peut communiquer le mouvement à l'une d'elles sans que toutes marchent ensemble. On enroule autour de l'un des axes une corde à laquelle est suspendu un poids qui tend à faire tourner tout le rouage (*fig.* 75), et qui le ferait tourner précipitamment si on ne régularisait sa marche par un pendule.

La roue de rencontre * à laquelle on adapte le pendule, a son mouvement dirigé par deux palettes fixées à ce dernier. Dans la figure 74 qui le représente, la partie CD est l'*échappement.* On voit, à la seule inspection de la figure, que quand le pendule est dans une position verticale et en repos, les deux dents C, D, de l'échappement, s'interposent entre ceux de la roue et en arrêtent le mouvement. Mais si l'on écarte tant soit peu le pendule de la verticale, la roue, devenue libre, obéit à l'action du poids qui l'entraîne, jusqu'à ce que le pendule l'arrête par l'interposition de l'échappement, quand il est au point le plus bas. Le pendule s'arrêterait lui-même si la vitesse acquise ne lui faisait parcourir un arc égal à celui qu'il a déjà décrit; il s'échappe donc de nouveau, le poids fait tourner la roue et ainsi de suite. Il est visible que, sans l'emploi du pendule, le mouvement du poids serait accéléré comme celui de tous les corps soumis à l'action de la pesanteur; mais le pendule, par son échappement, se remet continuellement dans l'état de repos: de sorte qu'il n'a jamais que la vitesse que lui imprime la pesanteur dans le petit intervalle d'une demi-oscillation. De plus, cette disposition permet de concevoir comment le pendule, malgré le frottement et la résistance de l'air, continue son mouvement, l'action du poids lui rendant, à chaque oscillation, la vitesse qu'il a perdue. La longueur du pendule est tellement déterminée que le temps d'une oscillation est une *seconde.*

* Cette roue porte ordinairement 60 dents qui se dégagent successivement à chaque battement du pendule, comme il est expliqué ici; elle fait donc un tour entier dans la durée de 60 battemens. Une aiguille fixée à son axe traverse le cadran et y marque les *secondes*. Les autres roues sont mises en communication avec cette première roue, et le nombre de leurs dents est proportionné de telle sorte que l'une, celle dont l'axe porte l'aiguille des *minutes*, tourne 60 fois plus lentement, et que la troisième, celle des heures, tourne 12 fois moins vite encore que cette dernière.

REMARQUE. La régularité de cet instrument ne serait pas parfaite, si l'on ne conservait à la tige la même longueur, malgré les variations continuelles de la température à la surface de la terre : car on sait qu'une horloge retarde ou avance, selon que la tige du pendule s'allonge par la chaleur où s'accourcit par le froid, les oscillations devenant alors plus lentes ou plus accélérées.

Or, on parvient à maintenir le pendule à une longueur invariable par un mécanisme ingénieux, qui consiste à attacher la tige SN (*fig.* 75) à un châssis de cuivre ABCD, entouré d'un autre châssis de fer EFGH; les branches de cuivre AB, DC, trouvant un obstacle à leur dilatation contre la branche de fer FG, se dilatent davantage par leur partie supérieure, et soulèvent par conséquent le point de suspension S. La dilatation du fer étant à celle du cuivre comme 3 est à 5, le point S s'élève plus qu'il n'avait été abaissé. On compense cette élévation par tâtonnement, de manière qu'elle égale précisément l'abaissement produit par la dilatation du fer. L'appareil qui satisfait à cette condition se nomme *pendule compensateur*.

Dans les horloges communes, on se contente d'élever ou d'abaisser la longueur du pendule au moyen d'une vis. On diminue ainsi la longueur réelle du pendule, qui n'est autre chose que la distance entre le point de suspension *a* et le *centre d'oscillation* *.

CINQUIÈME SECTION.

Plan incliné. – Coin. – Vis.

LEÇON VIe.

Diverses propriétés du Plan incliné. — Coin. — Vis. — Vis sans fin. — Vis d'Archimède.

Du Plan incliné.

179. On nomme *plan incliné* celui qui fait avec un plan horizontal un angle non droit.

Ses diverses propriétés.

180. Lorsqu'un corps pesant est libre, on ne peut le soutenir qu'avec une force égale à son poids : une force moindre le soutiendra sur le plan incliné.

* Le *centre d'oscillation* est le même que le *centre d'inertie* qui dans le pendule se trouve au *tiers* de la longueur totale de la tige, à partir de l'extrémité inférieure.

Soit un corps R (*fig.* 76), placé sur le plan incliné AC, où il est maintenu par la puissance P, dont la direction PR est parallèle à AC : la *puissance* P sera à la *résistance* R, dans le cas d'équilibre, *comme la hauteur* BC *du plan incliné est à sa longueur* AC.

Tel est, suivant les principes de Statique, le rapport qui doit exister entre la puissance appliquée dans la direction PR et le poids du corps, pour que celui-ci ne puisse pas glisser le long du plan.

Ainsi, à l'aide d'un plan incliné, il est possible de faire mouvoir un poids considérable avec une force qui l'est beaucoup moins.

181. On voit souvent les avantages du plan incliné quand on charge ou décharge les chariots de roulage : deux hommes, à l'aide de cette machine, manœuvrent facilement des masses que vingt hommes ne pourraient peut-être point mouvoir au moyen de leur force musculaire. Dans quelques canaux, on a remplacé les écluses par des plans inclinés le long desquels on élève les bateaux tout chargés, à l'aide de machines puissantes.

182. Le plan incliné donne le moyen d'étudier la chute libre des corps. En effet, on conçoit qu'un corps étant en partie soutenu sur un plan incliné, les choses se passent comme si l'attraction de la terre était plus faible; on peut dès lors suivre le mouvement avec facilité et reconnaître les espaces parcourus dans les unités de temps successives. Il faut toutefois remarquer qu'en diminuant l'attraction, on lui laisse son caractère essentiel, qui est d'agir d'une manière égale et continue.

183. S'il n'y avait pas de frottement sur un plan incliné, il serait impossible qu'un corps abandonné à lui-même y restât en équilibre. On voit, en effet (*fig.* 77), que rien ne détruit la force *ac*, parallèle au plan; si le plan est mal poli, ses aspérités détruisent cette force, du moins quand elle n'est pas très-grande, c'est-à-dire quand le plan est peu incliné.

184. Certains corps ne font que glisser sur un plan incliné, d'autres roulent ou culbutent, suivant leur forme. Cela tient à la position de leur centre de gravité. Le corps glisse toutes les fois que la verticale de ce centre rencontre la base; il roule ou culbute dans le cas contraire. Ainsi, une sphère S (*fig.* 78) doit rouler, et le corps C faire la culbute.

Remarque. S'il n'y avait pas d'aspérités, les corps de forme quelconque ne feraient jamais que glisser, car tous les points tendent à descendre aussi vite les uns que les autres, d'après la loi de gravité. Il est si vrai que ce sont les aspérités qui diminuent la vitesse des parties qui touchent le plan, que tel corps, qui culbute placé sur un plan inégal, glisse sur un plan mieux poli, l'inclinaison étant la même.

Usage du Plan incliné.

185. Le plan incliné est souvent employé dans les Arts pour monter et descendre les fardeaux. Lorsqu'on en fait usage pour élever les corps, on doit remarquer que la puissance agit d'autant plus efficacement que sa direction approche davantage d'être parallèle à la surface de ce plan.

APPLICATION A LA MARCHE DE L'HOMME.

186. On doit comprendre aisément que, plus la hauteur d'un plan incliné sera petite par rapport à sa longueur, plus elle favorisera la puissance.

D'après cela, un homme qui gravit une montagne se meut sur un plan incliné : le poids de son corps est ici la résistance ; l'action vitale qu'il emploie pour le soutenir ou pour le faire mouvoir, est la puissance ; qu'on ne soit donc pas surpris s'il consume, à chaque instant, d'autant plus de force, et s'il éprouve conséquemment d'autant plus de fatigue, que la montagne a plus de hauteur relativement à sa longueur.

AUTRES APPLICATIONS.

187.— 1° Un cheval qui traîne un chariot sur une route qui s'élève d'un pied sur une longueur de vingt, soulève effectivement un vingtième de la charge, tout en surmontant les frottemens et l'inertie du chariot *.

Cela suffit pour montrer de quelle importance il peut être de faire les routes de niveau, et quelle erreur on commettait autrefois en donnant partout aux routes une direction rectiligne, qu'elles eussent à traverser des plaines unies ou qu'elles dussent s'élever par-dessus des collines, tandis que le plus souvent on aurait pu, en n'augmentant que très-peu la distance à parcourir pour arriver au même point, éviter toute montée et toute descente. On conçoit aussi sans doute l'avantage des routes en zig-zag, pour arriver d'un point inférieur à un point supérieur ; car les chevaux tirent avec d'autant plus de facilité que l'inclinaison de la route avec l'horizon est moindre, et cette inclinaison diminue avec la longueur de la route.

---

* Le poids est à la force, comme la longueur du plan incliné est à sa hauteur. Et le poids est à la pression, comme la hauteur est à la base (la ligne BA, *figure* 76).

L'application de cette règle a sans doute été souvent remarquée par les voyageurs : combien de routes aussi sûres que commodes conduisent à des forts ou à des habitations situées au sommet de montagnes très-élevées.

Les charretiers intelligens n'ignorent point ce rapport entre la longueur du plan ou de la route et son inclinaison ; aussi les voit-on toujours monter en zig-zag les pentes un peu raides, allant d'abord de droite à gauche, puis de gauche à droite, et ainsi de suite jusqu'au sommet.

188. — 2° Les routes à ornières en fer, de nos jours, offrent également une application intéressante du plan incliné. Lorsqu'elles sont parfaitement de niveau, le cheval ou le moteur, quel qu'il soit, n'a autre chose à vaincre que le frottement ; mais lorsque le transport des objets doit toujours se faire dans la même direction, comme pour les minerais, par exemple, on donne à la route une légère pente, de sorte que le moteur n'a plus qu'à régler le mouvement (Arnott).

189. — 3° On a supposé que c'était au moyen du plan incliné que les anciens (les Égyptiens en particulier) avaient élevé ces immenses constructions que le temps semble devoir à jamais respecter. Nos architectes en font maintenant usage pour transporter les matériaux destinés à construire les étages supérieurs des bâtimens, quand l'emplacement le leur permet.

190. — 4° Nos escaliers ne sont, en principe, que des plans inclinés, mais dont l'inclinaison eût été si forte, qu'il a fallu, afin de pouvoir s'y soutenir, y disposer des surfaces horizontales et perpendiculaires qui forment les marches.

Ceci est encore tiré en partie de l'excellent ouvrage du docteur Neil-Arnott, déjà cité.

Coin.

191. Le *coin* a ordinairement la forme d'un prisme triangulaire (*fig.* 79) : une des arêtes EF lui sert de *tranchant*, la face ABCD opposée à cette arête se nomme la *base* ou la *tête* du coin, et les deux faces ADEF, BCEF, à droite et à gauche du tranchant, en sont les *côtés*.

192. On distingue deux sortes de coins, le *simple* et le *double*.

Le *coin simple* est représenté par le prisme triangulaire rectangle ABC*cba* (*fig.* 80), qui a pour profil le triangle rectangle ABC ; le plus grand des deux côtés AB est la *hauteur* du coin, le plus petit BC la *largeur* de sa base, et l'hypothénuse AC sa *longueur*.

Le coin double ADC*cda* (*fig.* 81) est composé de deux prismes triangulaires rectangles ADE*eda*, AEC*cea*, joints ensemble suivant leur hauteur AE.

193. Les puissances qu'on emploie pour faire agir les coins sont la pression et la percussion. Ainsi, on coupe le pain, les fruits, etc., avec un couteau, en le pressant; on frappe sur le dos du coin avec un marteau pour le faire pénétrer entre les parties du corps qu'on veut séparer; on entaille et coupe le bois à coups de hache, etc.

194. On démontre en Statique que, pour qu'il y ait équilibre, il faut, dans le cas du coin simple, que la *puissance*, appliquée perdendiculairement à la tête du coin, *soit à la résistance, comme la largeur* BC *de la base du coin est à sa hauteur* AB; et pour le coin double, ce rapport doit être *comme la moitié de la largeur* DC *de la base de l'instrument est à sa hauteur* AE.

195. Il résulte de ces principes d'équilibre que le coin est d'autant plus favorable à la puissance que la tête qu'il présente est moins épaisse, toutes choses restant égales d'ailleurs.

Usages et diverses applications du Coin.

196. On se sert du coin dans une foule d'Arts et Métiers, pour couper les corps ou pour les fendre; nos couteaux, nos ciseaux, nos sabres, nos haches, sont autant de coins employés à cet usage.

On regarde généralement comme des coins tous les instrumens tranchans et à pointes, tels sont les poignards, les épées, les bèches, les pelles, les pioches, les rabots, les tranchets, etc., parce que ces instrumens ont au moins deux plans inclinés l'un à l'autre, qui forment toujours entre eux un angle plus ou moins aigu. De plus, l'angle étant la partie essentielle du coin, il n'est pas nécessaire qu'il soit formé par le concours de deux plans seuls, il peut en avoir plus : ainsi, les clous qui ont quatre faces aboutissant à une même pointe, les épingles, les aiguilles, les poinçons, les broches, remplissent tous les fonctions de coins.

197. La *scie* n'est aussi qu'un *coin composé* dont on fait usage pour diviser les bois, les métaux, les marbres, les pierres. La forme des *dents de la scie* varie suivant la nature et la dureté des diverses substances qu'on veut séparer : pour la pierre et le marbre, c'est une simple lame d'acier, sans dents artificiellement préparées, qu'on tire et pousse sur le bloc qu'il faut diviser.

On rapporte au coin composé les faucilles, les faulx, les limes, les râpes.

Les cardes doivent être considérées comme des espèces de limes ou de râpes, formées par des coins isolés, très-longs et parallèles.

198. Une foule d'autres instrumens employés dans les arts se rapportent encore aux coins de forme prismatique, conique ou pyramidale; et la nature a pourvu les animaux de coins variés et destinés à leur servir d'armes pour l'attaque et pour la défense : tels sont les dents, les cornes, les ongles, les griffes.

199. Un ingénieur de Londres, qui avait élevé une cheminée très-lourde et d'une grande hauteur, pour le service de ses fourneaux et de ses machines à vapeur, s'aperçut au bout de quelque temps qu'elle commençait à s'incliner par l'effet de l'humidité des fondations; il parvint à lui rendre sa position verticale en chassant des coins avec force à la base d'une de ses faces.

Vis.

200. La *vis* est un cylindre droit CD (*fig.* 82) revêtu d'un filet saillant, adhérent et roulé sur la surface du cylindre, de manière que l'intervalle AB qui se trouve entre deux révolutions consécutives du filet, est partout le même. Cet intervalle constant se nomme le *pas* de la vis.

La vis est assujétie à tourner dans une pièce MN, connue sous le nom d'*écrou*, portant intérieurement une rainure spirale correspondante au filet HKL de la vis, qui doit le remplir exactement.

201. Tantôt la vis est fixe tandis que l'écrou est mobile, comme le représente la figure 83; tantôt la vis est mobile et l'écrou dans une position invariable, c'est le cas de la figure 84.

La puissance agit à l'extrémité d'un levier EF : elle a d'autant plus d'avantage que ce bras de levier, auquel elle est appliquée, a plus de longueur, et que le pas de la vis est plus fin; en général, *la puissance est à la résistance, comme le pas de la vis est à la circonférence du cercle que décrit la puissance à son point d'application.*

Usage de la Vis.

202. La vis est d'un usage continuel dans les Arts et Métiers, où on l'emploie pour fixer et joindre les corps solides.

203. Souvent elle sert à exercer de grandes pressions. A cet effet, elle entre dans la composition d'une foule de presses, destinées à exprimer l'huile ou le suc des végétaux, des amandes, des pommes, du raisin, de la canne à sucre, etc.

204. On l'emploie encore pour réduire des volumes considérables,

et dès lors fort embarrassans ; les balles de coton, par exemple, dont quelques-unes, à l'état ordinaire, rempliraient un vaisseau, sont comprimées au moyen de vis, en des masses compactes, dont la densité devient plus grande que celle de l'eau.

205. On retrouve la vis dans les presses à imprimer, où elle comprime avec force le papier contre les caractères; dans celles du lithographe, etc. Enfin, c'est le grand agent des établissemens où l'on frappe la monnaie.

206. Dans les constructions, elle peut être utile pour élever des masses considérables: on s'en est servi à Nancy, pour placer sur son piédestal la statue en bronze de Stanislas-le-Bienfaisant, roi de Pologne et duc de Lorraine, qui fut inaugurée le 6 novembre 1831.

Remarque. La tête de la vis mobile est toujours armée d'un levier, à l'extrémité duquel on applique la puissance. Tel est l'étau d'un serrurier, dont la vis se meut et tourne dans son écrou par le moyen d'une cheville de fer qui traverse la tête de la vis. Dans les machines de ce genre, où le levier n'est pas apparent, on fait la tête de la vis toujours plus grosse que le cylindre sur lequel elle est creusée, et cet excès de grosseur forme une espèce de levier auquel on fixe la puissance.

Le tire-bouchon ordinaire est une vis sans cylindre; on l'emploie pour pénétrer dans le liége et s'y fixer, mais non pour lier des forces opposées.

Vis sans fin.

207. On appelle *vis sans fin*, une vis destinée à mener un engrenage, en tournant sur son axe entre deux pivots qui la retiennent, de manière qu'elle ne peut ni avancer ni reculer. La figure 85 représente une *vis sans fin.*

Cette pièce est une machine composée dont on calcule les effets en évaluant séparément ceux propres à chacun de ses élémens, et en faisant la somme des résultats.

Pour qu'une vis sans fin soit bien faite, il faut que l'angle de ses pas avec l'axe ne se trouve pas trop grand.

Son usage.

208. On emploie la vis sans fin dans les montres, dans les tourne-broches, et dans diverses autres machines.

Dans les montres, elle sert à bander le grand ressort comme on le veut; c'est un avantage qu'elle a sur les encliquetages dont on se sert encore dans les pendules.

Vis d'Archimède.

209. La *vis d'Archimède* consiste en un tube ou canal creux

ouvert par ses deux bouts, et disposé comme le filet d'une vis autour d'un cylindre incliné de quarante-cinq degrés. L'extrémité inférieure plonge dans l'eau, et quand par le moyen d'une manivelle coudée, appliquée à l'axe du cylindre, on lui imprime un mouvement de rotation, le liquide s'élève dans le tube spiral et y chemine jusqu'à l'orifice supérieur par lequel il s'écoule. La figure 86 suffira pour faire comprendre le jeu de cette machine.

On donne encore une autre forme à la vis d'Archimède : ici c'est un cylindre creux dans lequel on a introduit une vis dont le filet semble représenter un ruban, qui serait assujéti à s'appliquer par l'un de ses bords contre l'axe du cylindre, en suivant la trace d'une hélice décrite sur son contour.

Son usage.

210. Cette machine est souvent employée comme moyen d'épuisement, quand il n'est pas nécessaire d'élever l'eau à une grande hauteur. Elle fonctionne d'autant plus efficacement que l'axe du cylindre fait un angle plus petit avec l'horizon.

SIXIÈME SECTION.

Transformation du Mouvement.

LEÇON VII.

Comment on peut transformer les uns dans les autres les mouvemens. — Rectiligne continu. — Rectiligne alternatif. — Circulaire continu. — Circulaire alternatif. — Chaîne de Vaucanson. — Levier arqué. — Parallélogramme de Watt. — Régulateur ordinaire. — Régulateur à eau. — Régulateur des machines à vapeur. — Tachomètre.

Du Mouvement considéré par rapport à sa direction.

211. Un corps mû par une force quelconque devant suivre l'impulsion qu'elle lui communique, on conçoit que cette force peut lui faire parcourir des directions suivant la *ligne droite* ou suivant la *ligne circulaire;* et de plus, que rien ne s'oppose à ce qu'c

agisse en même temps sur le corps d'une manière *continue* ou *alternative*. De là, les dénominations de *mouvement rectiligne continu* ou *rectiligne alternatif* *, de *mouvement circulaire continu* ou *circulaire alternatif*.

Ainsi, le cours de l'eau des rivières, la marche d'un voyageur, sont des exemples de mouvement *rectiligne continu;* les roues hydrauliques, celles de nos montres, ont un mouvement *circulaire continu;* le mouvement d'une scie, le jeu du piston d'une pompe, sont des mouvemens *rectilignes alternatifs;* et le balancement du pendule d'une horloge, le jeu de la double manivelle de la machine pneumatique, offrent l'image de mouvemens *circulaires alternatifs*.

Transformation de ces divers Mouvemens.

212. C'est par des combinaisons de machines simples qu'on parvient à changer la direction du mouvement, et par suite à donner naissance aux nombreuses machines composées, si variées dans leurs formes, et dont le travail rivalise de délicatesse et de fini avec celui de l'homme. Ne pouvant énumérer ici tous les modes de transmission de mouvement, nous en citerons quelques-uns des plus intéressans qui suffiront cependant pour s'en former une idée.

213. Changement du *mouvement rectiligne continu* en *circulaire continu*. Cette transformation a lieu dans les moulins à eau et à vent; les palettes de la roue ou les voiles des ailes reçoivent l'impulsion rectiligne du courant d'eau ou du vent, et produisent la rotation.

214. Le mouvement *rectiligne alternatif* et vertical du piston de la machine à vapeur, si répandue maintenant, se transforme dans la grande roue en un mouvement *circulaire continu*.

215. *Mouvement rectiligne alternatif* changé en *circulaire alternatif*. Le tour, machine du tourneur, est mû par l'échange simultané de ces deux mouvemens : la corde est tirée alternativement de haut en bas et de bas en haut, et fait tourner avec elle à droite puis à gauche le cylindre qu'elle entoure.

L'archet qui manœuvre un foret présente aussi un changement de *mouvement rectiligne alternatif* en *circulaire alternatif*.

216. *Mouvement circulaire continu* transformé en *rectiligne continu*. On trouve des exemples de ce changement dans le treuil

* Le mouvement *alternatif* se caractérise spécialement par le *va et vient* du mobile.

dont le cylindre mû circulairement par la manivelle, attire ou élève le fardeau attaché au loin à l'extrémité d'une corde qui marque bien sa direction rectiligne.

Un bâteau à vapeur se meut aussi par le changement du mouvement *circulaire* de ses roues à palettes en un mouvement *rectiligne continu*.

217. Transformation du *mouvement circulaire continu* en *rectiligne alternatif*. Ceci existe dans les moulins à pilons ; là par l'action continuelle et circulaire d'une grande roue hydraulique dont l'axe est un cylindre armé de cammes, celles-ci font lever des pilons qu'elles rencontrent par d'autres éminences qu'on y a pratiquées, puis elles les laissent retomber pour les relever et les abandonner encore, et répéter le même jeu aussi long-temps que la roue reçoit l'impulsion de l'eau.

Une mécanique de ce genre est employée dans les forges à faire mouvoir des soufflets.

218. Mouvement *circulaire continu* en *circulaire alternatif*. Un tel changement de direction se trouve dans la roue qu'on fait tourner par un moyen quelconque, et dont la circonférence est armée de cammes qui viennent successivement presser le manche d'un marteau mobile sur son axe ; la masse métallique soulevée par les cammes retombe par son poids sur l'enclume en décrivant un arc de cercle ayant pour rayon la distance de l'axe au centre de gravité de la masse.

219. Réciproquement, on a des exemples de mouvemens *circulaires alternatifs*, transformés en *circulaires continus*, dans la meule du rémouleur et dans le rouet de la fileuse ; ici la pression du pied qui s'exerce de haut en bas sur la pédale, imprime à la roue un mouvement de rotation continu.

220. Changement du *mouvement circulaire alternatif* en *rectiligne alternatif*. Le cric offre cet effet : la roue dentée est mue circulairement au moyen de la manivelle pour élever dans une direction verticale ou inclinée, suivant le besoin, la barre de fer qui pousse le fardeau ; on la fait mouvoir en sens contraire, et la barre redescend avec la masse qu'elle a soulevée.

221. Les exemples précédens suffisent pour bien faire comprendre les changemens de direction qu'on peut faire subir au mouvement ; cependant nous engageons à visiter les machines ingénieuses de nos usines, qui en apprendront plus à la simple inspection que toutes les descriptions qu'on en pourrait donner.

Chaîne de Vaucanson.

222. La chaîne inventée par *Vaucanson* est à mailles plates, régulières et non soudées, flexible seulement dans deux sens opposés; on l'emploie pour la communication du mouvement dans les machines, au lieu de courroies ou de cordes. Elle est représentée de face et de profil par les figures 87 et 88.

Ce mécanicien a imaginé une machine ingénieuse pour fabriquer les chaînes qui portent son nom. Avec cette machine, il suffit de trois mouvemens différens pour que les fils de fer d'une grosseur convenable se trouvent pliés, coupés rigoureusement de longueur et entrelacés les uns à la suite des autres, de manière à former une chaîne parfaitement régulière.

Levier arqué.

223. Le *levier arqué* ou *levier courbe* est celui dont les deux bras font un angle au point d'appui (*fig.* 89).

224. Cette espèce de levier a les mêmes propriétés que le levier droit. Car, lorsqu'en tournant, les deux bras du levier angulaire se trouvent obliques aux directions de la puissance et de la résistance, cette obliquité est égale de part et d'autre; ce qui fait que le rapport des distances du point d'appui aux directions perpendiculaires n'est pas troublé.

Son usage.

225. Les leviers courbes s'emploient avec avantage pour les pompes, pour les mouvemens des sonnettes, et généralement dans toutes les circonstances où l'action du moteur ne peut être transmise directement.

Parallélogramme de Watt.

226. Voici en quoi consiste le *parallélogramme articulé de Watt*, d'après M. Arago.

Cet appareil est un parallélogramme aux quatre angles duquel se trouvent quatre tourillons, et qui, conséquemment, peut prendre toutes sortes de formes sans cesser d'être parallélogramme; il est fixé par ses deux angles supérieurs au balancier de la machine; la tige du piston est attachée à l'un des angles inférieurs, et le quatrième angle est lié à une verge rigide, inextensible et mobile autour d'un centre fixe. Quelle que soit la position de ce centre, il suffit que le levier qui en part soit de longueur invariable, pour que le parallélogramme se déforme inévitablement durant les oscillations du balancier, pour qu'il soit tantôt rectangle et tantôt obliquangle.

Mais, quand le centre auquel le levier aboutit est convenablement choisi (c'est en cela que la découverte de Watt consiste), l'angle du parallélogramme mobile et de forme variable *auquel la tige du piston est attachée*, ne quitte pas sensiblement la verticale pendant les oscillations du balancier. La tige du piston se trouve ainsi parfaitement guidée, et sa communication avec le balancier ayant lieu par l'intermédiaire d'un système rigide, elle pourra tout aussi bien *tirer* le balancier de haut en bas durant le mouvement descendant du piston, que le *pousser* de bas en haut quand le piston remontera.

Le parallélogramme articulé excite au plus haut degré l'attention des personnes qui voient pour la première fois marcher une machine à vapeur. Aux yeux du mécanicien exercé, il se présente comme un appareil d'une exécution facile, entièrement exempt de secousses, et susceptible d'une durée indéfinie.

Régulateur ordinaire.

227. Dans les Arts industriels, on nomme *régulateur* toute construction qui sert à régulariser le mouvement d'une machine.

Le régulateur a pour but de corriger les inégalités des mouvemens, d'en diriger les interruptions, les variations, et de prévenir ou de diminuer les effets nuisibles des résistances.

228. Parmi les régulateurs ordinaires, on peut citer, en horlogerie, le *pendule* et le *balancier* qui règlent les horloges et les montres; ailleurs, l'*armure* du laminoir qui dirige la pression des tables de plomb qu'on lamine; le *volant à palettes* du tourne-broche et les *contre-poids* variables.

Du Régulateur à eau.

229. Le *régulateur à eau* consiste en une caisse placée dans un réservoir plein de ce liquide et qui peut être fixée ou mobile. Il s'adapte aux machines soufflantes mues dans l'eau, dont nous allons donner une idée en décrivant celle employée dans les mines du *Harz* pour aérer les galeries, afin de mieux faire comprendre l'usage de ce régulateur.

Cette machine soufflante est composée d'une caisse *a* (*fig.* 90), qui se meut dans une autre *b*; celle-ci a son intérieur rempli par un massif qui contient trois tuyaux, deux qui servent d'entrée à l'air et qui ont des soupapes; le troisième *c*, qui communique dans une nouvelle caisse *r* pleine d'eau, fait l'office de régulateur.

On voit alors (*fig.* 91) que le régulateur à eau, qui fait partie de la machine soufflante (*fig.* 92), a *x* pour caisse posée à demeure dans le réservoir *r*; ici c'est l'eau qui comprime l'air dans *x*; *b* est l'extrémité du tuyau qui conduit au régulateur *x*, l'air comprimé dans la machine soufflante et le porte-vent.

230. Quand la caisse ou régulateur *m* est mobile (*fig.* 93), la variation de la pression est modifiée par la courbure *gv* d'un levier auquel la caisse est suspendue; à l'autre extrémité est un poids *p* qui contribue à cette modification. A est un conduit par lequel arrive l'air dans le régulateur, B une soupape d'aspiration, C la paroi de la caisse, et D le tuyau de sortie de l'air. Dans ce cas, la caisse est soulevée chaque fois que l'air entre, puis elle descend pendant qu'elle en fournit au fourneau en cessant d'en recevoir; de plus, c'est le poids de la caisse qui comprime l'air, mais il varie de pesanteur suivant son élévation, sa partie plongée dans l'eau diminuant de poids à proportion du volume d'eau qu'elle déplace.

Régulateur des Machines à vapeur.

231. Le *régulateur* des machines à vapeur, que Watt appelait le *gouverneur*, et qu'on nomme généralement aujourd'hui le *régulateur à force centrifuge*, a pour objet de retarder ou d'accélérer le mouvement alternatif du piston, produit par la vapeur introduite tantôt au-dessous, tantôt au-dessus.

Il consiste, dit M. Arago, en un axe vertical que la machine fait tourner plus ou moins rapidement, suivant qu'elle marche elle-même plus ou moins vite. Sur l'extrémité supérieure de cet axe se trouve implanté un tourillon horizontal auquel deux tringles métalliques sont suspendues par des collets un peu libres, de manière qu'elles puissent s'écarter plus ou moins de la verticale. Chaque tringle porte dans le bas une grosse boule métallique. Quand l'axe vertical est mis en mouvement par la machine, les boules qui tournent avec lui s'en écartent jusqu'à une certaine limite, par l'effet de leur force centrifuge. Si ensuite le mouvement s'accélère, l'écartement devient plus fort; il diminue dès que le mouvement se ralentit. Les boules montent donc dans le premier cas, et elles descendent dans le second. Ces oscillations ascendantes et descendantes se communiquent par des leviers à la manivelle de la soupape tournante du tuyau qui fournit la vapeur, et tout changement trop considérable dans la vitesse de la machine se trouve ainsi prévenu.

Du Tachomètre.

232. Le *tachomètre* est un instrument destiné à donner la

mesure de la vitesse d'une machine en mouvement avec laquelle il commmunique, et dont l'invention appartient à Bryan Donkin. Il se compose d'un vase de métal de forme cylindrique, rempli de mercure dans lequel plonge un tube de verre renfermant de l'alcohol rougi. Ce tube, d'un calibre intérieur légèrement conique, est ouvert à ses deux extrémités, en sorte que le mercure, plus dense que l'esprit de vin, s'y introduit presque jusqu'à son niveau, et peut y soutenir une colonne fort haute de ce liquide. On y fixe le vase à une tige, de manière qu'en faisant tourner celle-ci, le vase lui-même tourne sur son axe.

Quand l'appareil est en mouvement, le mercure, par l'effet de la rotation, s'éloigne du centre, et, s'élevant sur les parois du vase, détermine un abaissement de niveau en ce point qui répond au tube; alors la colonne de mercure qui, emprisonnée dans le tube, ne peut s'éloigner du centre, doit s'abaisser et l'alcohol descendre. Ceci a effectivement lieu, et la dépression de la colonne liquide devient d'autant plus sensible que la partie inférieure du tube qui plonge dans le mercure est d'un diamètre successivement plus grand. L'espace compris entre le point le plus haut où s'élève le mercure et le point le plus bas où il s'arrête, est le *champ* des variations, qu'on gradue pour en former l'échelle de l'instrument. On écrit *zéro* au point où le mercure reste quand l'appareil est en repos, et le point le plus bas indique la plus grande vitesse acquise.

On conçoit alors que si l'on met l'appareil en communication avec une machine quelconque, dont on désire connaître la vitesse, et cela au moyen d'un cordon passé dans la gorge d'une poulie et d'une roue convenablement disposées, l'échelle marquera les divers degrés de vitesse de cette machine. On rend l'échelle mobile dans le sens vertical, afin de pouvoir toujours ramener son *zéro* au niveau du mercure, quand l'appareil est en repos.

Ceux qui désireront plus de détail sur cet ingénieux instrument, pourront lire la description qu'en a publié l'inventeur dans le 28e vol. des *Transactions philosophiques de la Société royale de Londres.*

LEÇON VIIIe.

Du frottement. — De la raideur des cordes. — De la résistance des corps.

Du Frottement.

233. L'observation attentive des corps naturels les mieux polis a fait reonnaître qu'il n'en existe aucun dont la surface ne présente un assemblage de petites éminences et de petites cavités : d'où il

résulte que si l'on pose un corps sur un autre corps pour le faire mouvoir à la surface de celui-ci, les parties saillantes du premier s'engrènent dans les cavités du second et mettent obstacle au mouvement. C'est cette espèce de résistance qu'en mécanique on appelle *frottement.*

Le frottement ne dépend pas seulement des aspérités des surfaces, mais encore de l'attraction moléculaire; il est un des grands obstacles au mouvement que l'Art peut bien diminuer, sans l'anéantir jamais.

234. Le frottement se distingue, 1° en *frottement des corps glissans*, comme quand on fait glisser un livre sur une table ou tourner une vis dans son écrou; 2° en *frottement des corps roulans,* comme lorsqu'on fait rouler une boule sur un billard.

235. Le frottement des corps glissans cause le plus souvent la rupture de ces petites éminences qui forment l'inégalité des surfaces: de là vient que nos habits, nos meubles, nos bijoux, s'usent insensiblement et finissent par se détruire; que nos couteaux, nos haches, nos rasoirs, perdent bientôt le fil de leur tranchant; que le soc de la charrue s'émousse dans le sein de la terre qu'il déchire, que les pierres les plus dures s'altèrent sous le roulement continuel des torrens; enfin que le marbre qui décore nos temples s'amincit à la longue sous les baisers de la multitude.

236. Dans le frottement des corps roulans, les éminences de l'un, engagées dans les cavités de l'autre, se quittent à peu près comme les dents de deux roues de montre se désengrènent quand elles sont en mouvement.

237. Tous les efforts qu'on a faits jusqu'ici pour estimer avec exactitude la valeur des frottemens afin d'établir une loi constante, ont été inutiles. Cependant les Physiciens ont conclu de leurs nombreuses expériences, toutes choses étant supposées égales d'ailleurs,

1° Que le frottement des corps roulans est beaucoup moindre que celui des corps glissans;

2° Que le frottement augmente quand on fait croître la surface, ou la pression, ou la vitesse du corps frottant.

3° Qu'enfin le frottement diminue suivant le poli des surfaces en contact.

Application à la conduite des voitures.

238. Lorsqu'on craint qu'une voiture se précipite dans une descente trop rapide, on empêche les roues de tourner sur leur axe; alors les mêmes points de la circonférence glissent successivement sur

différens points pris sur le terrain : c'est un frottement de la première espèce, qui résiste convenablement au mouvement de la voiture. Il n'en est pas ainsi quand chaque roue tourne sur son essieu : alors le frottement de sa circonférence est de la seconde espèce; et son mouvement, déjà très-libre, deviendrait nuisible, s'il se trouvait encore favorisé par une pente trop rapide.

Application aux Arts et Métiers.

239. Souvent on a besoin de diminuer la résistance que produit le frottement; dans ce cas, on enduit les surfaces de quelque matière grasse ou fluide.

Ainsi, on frotte de savon les bords d'une boîte dont le couvercle tient trop, les côtés d'un tiroir qu'on ne peut faire marcher que difficilement; on met de l'huile aux charnières pour en faciliter le jeu; on graisse le moyeu des roues en dedans. Ce sont autant de moyens par lesquels on remplit les inégalités les plus grossières des surfaces qui deviennent plus propres à glisser l'une sur l'autre. D'ailleurs, les molécules de ces matières interposées changent l'espèce du frottement; leur forme sphérique les fait rouler avec facilité entre les surfaces qui leur servent de véhicule commun, et changent par là le frottement des corps glissans et celui des corps roulans.

240. On diminue aussi le frottement, en polissant les surfaces des corps qui doivent frotter l'un contre l'autre, jusqu'à certaines limites, parce qu'un poli parfait permet aux surfaces de se rapprocher tellement qu'il s'établit entre elles une adhérence difficile à vaincre; ou bien, on les choisit, autant que possible, de nature différente : par exemple, on fait des axes d'acier qu'on place sur des supports en cuivre. Dans les machines de petites dimensions, dans les montres, l'axe d'acier joue souvent sur l'agate ou le diamant.

241. On parvient encore au même effet, en plaçant la masse à mouvoir sur des cylindres ou des sphères; comme lorsqu'on transporte un arbre en le tirant sur des rouleaux, ou comme lorsqu'on fixe des boulets à la partie circulaire inférieure de l'affût d'une pièce de canon. Dans l'un et l'autre cas, le frottement est à peine sensible, et la résistance ne vient que des obstacles par-dessus lesquels les rouleaux ont à passer.

Des avantages des voitures à roues sur les traîneaux.

242. Les *voitures à roues* ont trois avantages sur les traîneaux qu'elles ont remplacés :

1° Le frottement, au lieu de s'exercer entre un patin de fer et lès pierres ou le terrain irrégulier de la route, est réduit à celui de l'essieu contre le moyeu, dont les surfaces sont polies, graissées, et s'adaptent bien l'une à l'autre.

2° Pendant que la voiture s'avance de 15 pieds, par exemple, pour une révolution entière de la roue, la partie frottante où l'essieu ne se meut que de quelques pouces contre la surface interne d'un moyeu poli et graissé.

3° La roue surmonte facilement un obstacle, en s'élevant au-dessus de lui, et faisant décrire à l'essieu une légère courbe : elle monte alors comme sur un plan incliné, et aide ensuite l'animal qui tire de l'avantage mécanique d'un tel plan.

Ainsi, la différence de vitesse du traîneau et de la voiture vient de ce que le premier, frottant contre les diverses aspérités de la route, est arrêté par toutes les petites irrégularités, tandis que l'essieu de la seconde glisse doucement sur une surface unie, d'une quantité qui ne dépasse peut-être pas 30 mètres par chaque 1000 que parcourt la voiture en décrivant une ligne légèrement ondulée. L'expérience a démontré que la résistance qu'éprouve la voiture par l'effet du frottement, est le *centième* de celle du traîneau.

Des effets du Frottement.

243. Le frottement détruit une partie des forces appliquées aux machines, et finit même par anéantir celles-ci ; mais aussi est-il utile dans un grand nombre de circonstances. Sans lui, l'homme qui marche sur le sol éprouverait plus de difficulté à s'y maintenir que sur la glace ; l'équilibre deviendrait impossible sur un plan incliné, et à plus forte raison l'homme ne pourrait pas monter ; les rivières qui coulent avec calme, se changeraient en des torrens impétueux, etc. C'est encore par le frottement qu'on diminue à volonté la vitesse d'une voiture qui descend une montagne ; et si un coin reste engagé entre les fibres du bois qui tendent à se rapprocher et à le chasser, si une tenaille ne glisse pas sur le clou qu'elle serre, si un étau n'abandonne point la pièce qu'il tient, la cause en est encore au frottement qui, dans ces différens cas, est très-considérable.

Usage du Frottement.

244. Le frottement sert à user, tailler, polir et diviser les corps. L'emploi des meules, des scies ; les procédés à polir les marbres, les glaces, les métaux, offrent des exemples variés des effets mécaniques du frottement. Son usage s'étend aussi à produire de la chaleur, du fluide électrique, du magnétisme, etc.

De la raideur des cordes.

245. La raideur des cordes qu'on emploie dans le service des machines produisant un obstacle qui doit entrer dans l'estimation de la résistance, on a fait beaucoup d'expériences pour l'apprécier.

On a trouvé en dernier résultat que le tors qu'on donne aux fils ou aux cordons qui composent les cordes, est la principale cause de leur raideur et qu'il fait varier leur force tellement qu'une même corde de chanvre raccourcie, par le tors, du *tiers* ou du *quart* de sa longueur, peut suspendre un poids de 2100 ou de 2574 kilogrammes, et ce poids serait plus grand encore, si la corde n'était torse que de manière à ne s'accourcir que d'*un cinquième.*

Ceux qui surveillent les ateliers de corderie doivent profiter de ces résultats obtenus par de savans Physiciens pour détruire la funeste habitude où l'on est de tordre les cordes au point de les raccourcir du *tiers* de leur longueur. Cette torsion trop considérable fait acquérir aux cordes une dureté et une beauté illusoires aux dépens de la fermeté et de la force.

246. Pour mesurer les effets de la raideur des cordes, Amontons a imaginé l'appareil suivant (*fig.* 94).

En A et B sont fixées deux cordes semblables de même diamètre, également tendues par un poids P susceptible de varier à volonté. Ces cordes s'enroulent sur un cylindre *cc* tiré par un autre poids *p*, qu'on augmente jusqu'à ce qu'il fasse descendre le cylindre. L'expérience peut se répéter avec des cylindres et des cordes successivement de différens diamètres. On voit alors que la résistance à l'enroulement augmente avec la grosseur des cordes et la petitesse du cylindre. Voilà pourquoi on préfère aux cordes cylindriques, les cordes plates et les courroies en cuir, et les grandes poulies aux petites, quand on peut choisir.

De la résistance des Corps.

247. Quoique tout ce qui est relatif à la résistance des corps solides ou des matériaux, appartienne à la science de l'ingénieur et de l'architecte, nous essaierons pourtant de rapporter ici quelques principes qu'il est utile de connaître.

248. D'abord on admet généralement que la force des matériaux dépend de leur grandeur, de leur forme et de leur position, comme de leur degré de cohésion.

249. On sait aussi que de deux corps *homogènes*, celui qui a beaucoup de volume est proportionnellement le plus faible.

En sorte que pour rendre la résistance d'un solide proportionnelle à celle d'un autre solide de plus petites dimensions, il faut donner au premier encore plus d'épaisseur et de largeur qu'on ne lui donne de longueur; et au-delà d'une certaine limite, aucune proportion ne lui permet plus de résister à l'action de son seul poids.

Telle est la loi qui limite les dimensions, en même temps qu'elle modifie la forme de la plupart des productions de la nature et de l'art.

250. Ainsi, les montagnes ont une hauteur déterminée dépendante de la grandeur de leur base et des substances qui les composent. D'immenses rocs se brisent, se déracinent en quelque sorte et tombent, parce que la cohésion de leurs bases ne peut plus faire équilibre à la gravité. — On ne connaît point d'arbre qui s'élève jusqu'à 300 pieds. — Et, dit Neil-Arnott, à moins que la nature ne donnât aux os une autre composition que celle qu'on leur connaît, il lui serait impossible de produire, pour exister dans l'air, un animal beaucoup plus gros que l'éléphant; il se briserait par la seule action de son poids. — Dans les constructions des arts, la même loi trouve aussi son application : les maisons ou palais de 12 à 15 étages courraient le risque de s'écrouler; les édifices supérieurs écraseraient infailliblement les étages inférieurs.

251. Nous terminerons cet article par la considération des *phénomènes* de *l'écrasement*, de la *traction* et de la *flexion*, connaissances que nous jugeons utiles pour les personnes qui s'occupent de constructions ou de l'art de bâtir.

Phénomène de l'Écrasement.

252. Lorsqu'un corps solide *ab* (*fig.* 95), de forme cylindrique et placé verticalement, se trouve chargé à sa partie supérieure *a* de poids de plus en plus grands, on observe qu'il se comprime successivement, et qu'en même temps son diamètre augmente, ou en d'autres termes que ses atômes se rapprochent dans le sens vertical et s'écartent dans le sens horizontal.

Tant que la charge totale est au-dessous d'une certaine limite qui varie pour les différens corps, ce déplacement est assez petit pour que les atômes reviennent à leur situation primitive quand on supprime la charge; et le corps jouit, comme les fluides élastiques et les liquides, d'une élasticité parfaite. Mais lorsque la charge excède cette limite, le changement de position des atômes devient tel que leur élasticité est forcée, c'est-à-dire que si on les abandonne alors à eux-mêmes, ils ne reviennent plus tout-à-fait à leur situation primitive, mais s'en rapprochent seulement d'une certaine quantité.

Enfin, si la charge est encore augmentée, l'écrasement horizontal des atômes devient tel, que le corps se courbe, se brise, se sépare, ou se réduit en poussière.

253. Dans le mécanisme particulier de l'écrasement, on a reconnu :

1° Que les pierres tendres se divisent d'abord en pyramides qui ont pour bases les faces du solide, et dont le sommet est au centre ; les pyramides verticales écrasent les autres en agissant comme des coins, elles se partagent toutes en petits prismes verticaux et finissent par tomber en poussière.

2° Que les pierres dures, dont le grain est fin, l'agrégation homogène et compacte, se divisent avec bruit en lames ou en aiguilles verticales, puis se réduisent en poussière.

Le même phénomène observé dans les bois et les métaux, employés comme supports dans la construction des édifices ou maisons, a fait connaître :

1° Que le bois se brise en éclatant ;

2° Que les métaux peuvent se réduire en poussière impalpable, mais qu'il faut pour cela les soumettre à des pressions énormes.

254. Les résultats des principales expériences relatives à la charge que les différens corps solides peuvent supporter à l'instant qu'ils s'écrasent, sont compris dans un tableau très-utile, qui se trouve dans un ouvrage de Physique et de Chimie, à l'usage des Cours publics industriels de Metz. Nous rapporterons seulement la table des moyennes de plusieurs de ces résultats en nombres entiers.

DÉSIGNATION DES CORPS.	POIDS qui produit l'écrasem.t d'un cube de 1 centimèt. de côté.	DÉSIGNATION DES CORPS.	POIDS qui produit l'écrasem.t d'un cube de 1 centimèt. de côté.
	kilogram.		kilogram.
Basalte	2000	Mortier ordre de 18 mois.	25
Granit dur	700	Chêne de France	400
Granit ordinaire	400	Chêne anglais	250
Marbres les plus durs	1000	Sapin français	500
Pierre calcaire ordinaire.	500	Sapin blanc anglais	130
Marbres blancs veinés et statuaires	300	Pin d'Amérique	110
		Orme	90
Grès le plus dur	900	Fer forgé	5000
Grès tendre	4	Fer fondu	10000
Brique très-dure	150	Métal de canon	25000
Brique ordinaire	40	Cuivre rouge coulé	8000
Plâtre	60	Cuivre rouge forgé	28000
Mortier de 18 mois, fait avec précaution et de bons matériaux	40	Cuivre jaune	2800
		Etain fondu	600
		Plomb fondu	140

Usage de cette Table.

255. Au moyen de la table précédente, on peut calculer la force nécessaire pour écraser un bloc *cubique* gros ou petit de l'une quelconque des matières qui y sont mentionnées, en observant que cette force est égale à autant de fois celle qu'on trouve dans la table, que la base du bloc donné renferme de centimètres quarrés.

Charge que peuvent supporter les corps dans les constructions.

256. Lorsqu'on emploie les corps comme matériaux dans les constructions, il est évident que la charge à supporter par chacun doit être moindre que celle qui en produirait l'écrasement; bien plus, si l'on considère que l'effort supporté par les matériaux varie sans cesse, même dans les ouvrages les mieux faits, et que par conséquent leurs atômes sont soumis à des mouvemens presque continuels, on sentira que pour assurer la durée de ces matériaux, il serait nécessaire que sous ces divers efforts leur élasticité ne fût jamais forcée. Dans l'ignorance où nous sommes de la charge en-deçà de laquelle chaque corps conserve une élasticité parfaite, on est réduit à adopter les opinions qu'une longue expérience a suggérées aux personnes qui s'occupent de l'art de bâtir; et l'on admet que dans les constructions même hardies, la charge des divers matériaux ne doit point excéder pour les pierres le $\frac{1}{10}$, pour les bois le $\frac{1}{5}$, pour le fer fondu ou forgé le $\frac{1}{4}$ de la charge qui produirait l'écrasement de chacune des pièces employées.

On a aussi remarqué qu'un corps d'un seul morceau résiste plus efficacement qu'un pareil corps composé de plusieurs parties; d'où il résulte qu'un bâtiment est d'autant plus solide que les pierres qu'on emploie à sa construction sont plus grosses. C'est là probablement une des causes de la longue durée des édifices des Romains, car tous ceux qui nous en restent se trouvent composés de très-grosses pierres.

Phénomènes causés par la Traction.

257. Les corps solides travaillés en fils, en tiges ou en barres, éprouvent divers phénomènes lorsqu'ils sont tirés dans le sens de leur axe par des forces successivement croissantes: 1° leur longueur augmente et leur diamètre diminue; 2° ils reviennent exactement à leurs dimensions primitives quand les forces tractives viennent à cesser sans avoir dépassé certaines limites; 3° au-delà de ces limites, ils restent allongés dans un sens et rétrécis dans l'autre; 4° pour des forces plus grandes encore, ils se rompent, tantôt brusquement dans toute leur largeur, tantôt lentement en s'amincissant de plus en plus.

258. Voici un tableau qui représente en *kilogrammes* le poids qui produit la rupture de diverses substances soumises à l'expérience.

SUBSTANCES.	POIDS qui produit la rupture sur une section d'un centimèt. quar.	SUBSTANCES.	POIDS qui produit la rupture sur une section d'un centimèt. quar.
	kilogram.		kilogram.
Pierre calcaire ordinaire.	60	Acier, le plus mauvais.	2000
Pierre blanche et brique dure.	20	Métal de canon	2500
Chêne de France	980	Cuivre jaune	1200
Fer forgé, très-bon	8000	Cuivre rouge coulé	1300
Fer forgé, mauvais	1800	Cuivre rouge forgé	2400
Fer fondu	1000	Etain fondu	300
Acier, le meilleur	9000	Plomb fondu	120
		Corde en chanvre	500

259. A l'aide de ce tableau on peut calculer quelle est la force nécessaire pour rompre par la traction un corps cylindrique ou prismatique de dimensions quelconques, en observant, 1° que la longueur du corps ne paraît pas avoir d'influence sur cette force; 2° qu'elle est égale à autant de fois le nombre donné par la table, que la section du corps par un plan perpendiculaire à sa longueur, contient de *centimètres quarrés*.

260. La traction qu'on peut faire éprouver aux corps solides employés comme matériaux dans les constructions n'a point encore été déterminée par l'expérience; mais une longue pratique a appris que *la charge des différens matériaux ne doit point excéder pour les bois le $\frac{1}{5}$, pour le fer forgé ou fondu, le $\frac{1}{6}$ si elle est permanente, ou le $\frac{1}{4}$ si elle est composée d'une partie permanente et d'une partie accidentelle, de celle qui produirait la rupture.*

Phénomène de la Flexion.

261. Lorsqu'on fléchit un corps dans les limites de son élasticité, il reprend exactement sa forme dès que la cause a cessé. Pendant la *flexion*, il éprouve à la fois une *traction* et une *compression;* car toutes les fibres ou tous les filets que l'on peut alors concevoir sur la surface convexe sont évidemment allongés, tandis qu'ils sont, sur la surface concave, raccourcis ou comprimés, et il faut nécessairement qu'il s'en trouve entre ces deux positions qui n'éprouvent ni allongement ni contraction. C'est ce que l'on voit (*fig.* 96) sur le cylindre AB, *encastré* par son extrémité A, et tiré par un poids à

son extrémité B. Les filets ab sont allongés, les filets $a'b'$ sont accourcis, et les filets qui conservent leur longueur forment une certaine surface, telle que *pqrs*. C'est donc en vertu de la double élasticité de tension et de compression que le cylindre AB se redresse quand on supprime le poids P.

262. Ce qu'on vient de dire s'étend à un corps prismatique quelconque, ou *encastré* ou *posé* horizontalement sur *deux appuis.* Mais il est utile de remarquer ici que la manière dont le corps est fixé à ses extrémités, a une très-grande influence sur sa faculté de résister à la pression qui agit perpendiculairement sur lui. Cette influence est telle, qu'une poutre solidement encastrée par ses deux extrémités dans les murailles sur lesquelles elle repose, supporte sans se rompre un poids deux fois plus grand que si elle était simplement posée sur des points d'appui.

Remarque. On a fait de nombreuses expériences sur la rupture des corps par la flexion, dont les résultats sont rassemblés en plusieurs tableaux utiles qui se trouvent dans la Physique industrielle à l'usage des Cours publics de Metz, et auxquels j'engage à recourir ceux qui font profession de l'Art de bâtir.

LEÇON IXe.

Mesure de l'effet utile des machines. — Unité dynamique. — Travail de l'homme pour élever les fardeaux ou les transporter sur un terrain horizontal. — Travail du cheval.

Mesure de l'effet utile des Machines.

263. La *puissance productive* ou l'*effet utile* des machines et des moteurs, s'évalue dans les Arts par la quantité de travail d'une espèce déterminée qu'on en peut obtenir. Si le genre de travail était toujours le même, il serait facile d'apprécier la valeur mécanique des machines et des moteurs, puisqu'elle aurait pour mesure la quantité de matière confectionnée dans un temps donné. Mais tous ces travaux étant différens, il a fallu, pour les mesurer et les comparer entre eux, adopter une unité toute particulière, et on a choisi pour cette unité de mesure, le poids que les machines sont susceptibles d'élever à une hauteur désignée dans un temps donné.

Par exemple, imaginons une machine quelconque destinée à tirer de l'eau : en supposant le puits de 30 mètres de profondeur, la capacité de chaque seau de 40 litres et qu'il en vienne 2 par *minute*, il est évident que cette machine éleverait 80 litres d'eau ou 80 kilogrammes à 30 mètres, ou bien 2400 kilogrammes à 1 mètre par *minute*; et tel serait son *effet utile.*

Unité dynamique.

264. Comme un terme fixe de comparaison était nécessaire, on a pris en France une mesure commune appelée ***unité dynamique*** ou simplement ***dynamie***. C'est la force capable d'élever ***un kilogramme à 1 mètre de hauteur***.

Ainsi, dans le cas de l'exemple précédent, l'*effet utile* serait de 2,4 *unités dynamiques*, ou 2,4 *dynamies* par *minute*.

Quand le moteur est très-puissant, on se sert d'une autre unité de mesure qui vaut ***mille fois*** la première et qu'on nomme ***grande dynamie***.

Travail de l'homme pour élever les fardeaux ou les transporter sur un terrain horizontal.

265. Nous essaierons de rapporter ici d'une manière très-succincte les divers genres de travail auxquels l'homme se livre le plus habituellement sans altérer ni ses forces ni sa santé.

266. D'abord, le plus simple travail que l'homme puisse faire est celui de la marche, lorsqu'il ne porte que le poids de son corps.

Or, il résulte de faits bien constatés qu'un piéton peut parcourir une distance moyenne de 51 kilomètres chaque jour, sans excéder ses forces. On sait d'ailleurs que le poids moyen d'un homme et de ses vêtemens ordinaires, est de 70 kilogrammes. Ainsi le marcheur transporte par jour 70 kilogrammes à 51 kilomètres de distance, ou 3570 kilogrammes à 1 kilomètre.

267. En second lieu, considérons l'homme dans le cas où il porte des fardeaux sur un plan horizontal. On a trouvé que la charge correspondante au plus grand effet utile qu'il peut produire journellement, pesait environ 50 kilogrammes transportés à 18 kilomètres; d'où il suit que l'effet utile *maximum* de la journée de cet homme, équivaut assez exactement à 900 kilogrammes portés à 1 kilomètre.

268. Voici un autre résultat aussi relatif à l'homme portant des poids sur le dos, et dans lequel on a pris pour unité 1000 kilogrammes transportés à 1 mètre.

Poids le plus convenable........................	65 kilogr.
Vitesse par seconde la plus convenable..........	$0^m,75$
Temps du travail par jour.......................	7 h.
Effet utile....................................	756 unités.

269. Enfin, appliquant l'homme comme moteur aux machines, on a trouvé ces différens résultats :

Dans le travail au cabestan,	8 h. par jour.	208 *dynamies.*
Avec la brouette ordinaire,	10 h.........	1080
Traînant une petite charrette,	10 h.........	1810
En tirant un bateau,	10 h.........	55000

Il est utile de se rappeler que généralement l'homme a beaucoup plus de force en tirant qu'en poussant.

270. Quant au travail que fait l'homme employé à porter des fardeaux sur son dos, en montant un escalier, il a conduit au résultat suivant :

Poids porté..................................	65 kilog.
Vitesse verticale par seconde....................	$0^{m},04$.
Partie réelle du jour employée....................	6 h.
Effet utile, à peu près........................	56 *dynamies.*

Cependant l'homme a d'autres moyens plus simples de mettre sa force en usage pour élever un fardeau. En effet, il y parvient avec bien moins de peine en s'aidant de la poulie et du treuil.

Travail du Cheval.

271. De tous les animaux, le cheval est le plus apte à porter et à tirer des masses pesantes, à prendre des vitesses différentes et à faire de longues marches journalières. Aussi l'emploie-t-on de préférence comme bête de somme ou comme bête de trait, pour les marches lentes et pour les courses plus ou moins rapides.

272. Un bon cheval chargé de son cavalier et de tout l'équipage indispensable à l'un et à l'autre, ce qui pèse au moins 90 kilogrammes, peut parcourir chaque jour, en 7 à 8 heures, 40 kilomètres. D'où il résulte un effet utile de 3600 kilogrammes, transportés à 1 kilomètre.

La charge ordinaire du cheval, employé comme bête de somme, varie de 100 à 150 kilogrammes, et l'on estime que l'effet utile peut-être de 4000 kilogrammes portés à 1 kilomètre sur un terrain horizontal.

273. La manière la plus avantageuse de se servir du cheval, est d'en faire usage comme bête de trait. On a calculé qu'un cheval, de force moyenne de roulier, peut traîner journellement 700 à 750 kilogrammes, sans y comprendre le poids de la voiture; et, avec cette charge, parcourir 38 kilomètres sur une route sensiblement plane. Son effet utile est donc égal à 38 fois 700 ou 750 kilogrammes, c'est-à-dire à 26600 ou 28500 kilogrammes transportés à 1 kilomètre. La *moyenne* de ces deux résultats serait 27550 *grandes dynamies.*

274. Si le même cheval était attelé à une charrette à deux roues,

il produirait un effet utile à peu près 7 fois plus considérable que celui qu'il donne quand on le fait porter sur son dos, puisqu'alors il n'est que de 4000 *grandes dynamies*.

C'est là visiblement un avantage déjà précieux de l'emploi des machines, si simples qu'elles soient.

275. Maintenant, un cheval attelé à un manége, produit, terme moyen, 1148 grandes dynamies par jour; le tirage étant estimé 45 kilogrammes, et la durée du travail 8 heures.

Chargé sur le dos, allant au pas sur un terrain horizontal, si le poids porté est de 120 kilogrammes, la vitesse de 1^m, 1 et le temps du travail 10 heures, son effet utile sera de 4752 unités dynamiques.

Enfin, toujours chargé sur le dos, allant au trot, le poids porté étant de 80 kilogrammes, la vitesse de 2^m, 2 et la journée réelle de travail de 7 heures, l'effet utile sera de 4435 grandes dynamies.

276. — Remarque Ire. Le plus grand tirage qu'un cheval de force moyenne puisse soutenir pendant quelques instans, est de 350 kilogrammes; attelé à une charrette, sa charge va jusqu'à 700 kilogrammes, son tirage de 40 kilogrammes; il peut marcher 10 heures dans la journée, faisant une lieue à l'heure. Sur un chemin de fer, un cheval peut tirer une voiture pesant 10 à 12000 kilogrammes.

— Remarque II. La force d'un cheval est assez généralement considérée comme valant un peu plus que celle de 6 hommes. En gravissant une montagne, il perd moitié de sa force, son effet utile se réduisant à celui que produiraient 3 hommes ensemble dans le même cas.

— Remarque III. On a aussi observé que le cheval attelé tirait avec plus d'avantage, quand les traits n'étaient pas au niveau de la poitrine, mais bien placés un peu au-dessus ou au-dessous.

Utilité et principal avantage des Machines.

277. Les machines sont d'une utilité indispensable et d'une valeur inappréciable dans les Arts, en ce qu'elles permettent à l'homme de proportionner les forces dont il peut disposer aux immenses travaux qu'il lui faut exécuter chaque jour.

Leur principal avantage vient surtout de ce qu'on peut avec elle transformer de la vitesse en force ou de la force en vitesse. Par exemple, il faut une force de 1000 kilog. pour soulever une pierre; le Cric simple ne donnnant qu'une force de 250 kilog., avec une vitesse de 1 pied par minute, ne suffit pas; on prend alors le Cric composé qui quadruple la force. Il est vrai qu'on mettra peut-être 5 minutes à élever la pierre d'un pied, et qu'on perd en *vitesse* ou en *temps* ce qu'on gagne en *puissance*; mais on fait volontiers cet échange quand le besoin l'exige.

278. Les avantages réels des machines sont aussi incontestables; pour s'en convaincre, il suffit de citer ceux qui suivent, empruntés au docteur Arnott.

1° Un homme ou un moteur quelconque dont la force est d'ailleurs modérée, pourra, en travaillant pendant un temps proportionnellement plus long, produire l'effet que 100 hommes, que 1000 hommes produiraient en un instant par leur action simultanée; mais on préférera souvent n'employer qu'un seul homme et une machine, parce qu'il est toujours très-incommode et très-dispendieux d'en réunir un si grand nombre, comme aussi très-difficile de les faire agir de concert.

C'est ainsi que quelques matelots soulèvent une ancre pesante à l'aide d'un cabestan.

2° Au moyen d'une vis et de diverses autres pièces, un seul ouvrier parvient à presser une feuille de papier contre des caractères avec une force suffisante pour obtenir une empreinte parfaitement nette, tandis que l'effort direct de 50 ouvriers n'eût peut-être pas suffi. En admettant que la pression eût été la même dans les deux cas, on demanderait comment faire agir 50 hommes à la fois sur une feuille de papier? et que feront-ils pendant le temps qu'on appliquera l'encre sur la forme? La vis fait donc ici le travail de 50 hommes, et cependant 50 hommes ne la remplaceraient point.

3° Un maçon peut remuer une pierre qu'il faudrait 10 hommes ensemble pour faire mouvoir : il s'arme d'un levier et parvient seul à son but. A la vérité il met 10 fois plus de temps à l'amener où il veut, et même les frottemens faisant éprouver des pertes, il mettra peut-être 15 fois plus de temps que 10 hommes agissant de concert; il devra cependant préférer l'emploi du levier au service des 10 hommes, qui, pour une assistance de quelques minutes, pourraient ensuite rester tout le jour sans ouvrage.

Ces exemples m'ont paru utiles pour montrer toute l'importance qu'on doit attacher à l'étude de tant de machines si variées qui sont aujourd'hui employées à nos usages, et mieux faire concevoir les précieux avantages qu'on en retire.

FIN DES NOTIONS DE MÉCANIQUE.

BIBLIOTHEQUE ROYALE
I

www.ingramcontent.com/pod-product-compliance
Ingram Content Group UK Ltd.
Pitfield, Milton Keynes, MK11 3LW, UK
UKHW020203200726
13856UKWH00003B/1158